拥抱你的敏感情绪

疗愈情绪，
接纳自我

EMOTIONAL
SENSITIVITY
AND
INTENSITY

How to Manage
Intense Emotions as a
Highly Sensitive Person

［英］
伊米·洛
Imi Lo
—— 著 ——

何巧丽
—— 译 ——

机械工业出版社
China Machine Press

图书在版编目（CIP）数据

拥抱你的敏感情绪：疗愈情绪，接纳自我 /（英）伊米·洛（Imi Lo）著；何巧丽译 . —北京：机械工业出版社，2020.9（2025.5 重印）

书名原文：Emotional Sensitivity and Intensity: How to Manage Intense Emotions as a Highly Sensitive Person

ISBN 978-7-111-66477-2

I. 拥… II. ①伊… ②何… III. ①情绪 – 自我控制 ②精神疗法 IV. ① B842.6 ② R749.055

中国版本图书馆 CIP 数据核字（2020）第 172639 号

北京市版权局著作权合同登记　图字：01-2020-1964 号。

Imi Lo. Emotional Sensitivity and Intensity: How to Manage Intense Emotions as a Highly Sensitive Person.

Copyright © 2018 by Imi Lo.

Simplified Chinese Translation Copyright © 2020 by China Machine Press. This edition is authorized for sale in the Chinese mainland (excluding Hong Kong SAR, Macao SAR and Taiwan).

No part of this book may be reproduced or transmitted in any form or by any means, electronic or mechanical, including photocopying, recording or any information storage and retrieval system, without permission, in writing, from the publisher.

All rights reserved.

本书中文简体字版由 Hodder & Stoughton 授权机械工业出版社在中国大陆地区（不包括香港、澳门特别行政区及台湾地区）独家出版发行。未经出版者书面许可，不得以任何方式抄袭、复制或节录本书中的任何部分。

拥抱你的敏感情绪：疗愈情绪，接纳自我

出版发行：机械工业出版社（北京市西城区百万庄大街 22 号　邮政编码：100037）
责任编辑：戴思琪
责任校对：殷　虹
印　　刷：北京铭成印刷有限公司
版　　次：2025 年 5 月第 1 版第 12 次印刷
开　　本：147mm×210mm　1/32
印　　张：9
书　　号：ISBN 978-7-111-66477-2
定　　价：59.00 元

客服电话：(010) 88361066　68326294

版权所有·侵权必究
封底无防伪标均为盗版

导　言

有些人的感受会比其他人的更丰富。

如果你也是这样的人，那么你体验到的情绪深度和强度会比别人要深、要高。你有时候情绪高涨，欣喜若狂，有时候又落入低谷，忧郁消沉，转换迅速。你品过绝望的滋味，也尝过极度的欢喜。你是一个感知力非凡的观察者，能体察细微之处，你能看到、感受到、留意到和记住更多的东西。你的大脑处理一条条的信息，并做出反应，其速度之快，过程之复杂，以至于有时候你的嘴巴都跟不上你的头脑。你天生有一种能力，能够感受到他人的精气神。在与人的交往中，你天然就是一个跟着直觉走的人，饱含爱意、理想主义、富于浪漫。你总是在生命中寻找更多的意义，总是感到要一直向前进。可能有人曾说你"太过了""太激烈""太敏感""太情绪化"，你的行为要么"太戏剧化"，要么"太羞怯"。

近些年，越来越多的人知道了情绪敏感和情绪强烈，这也激起人们更多的兴趣，但心理学家对此至今还没有一个统一的定义。有些人认为，人群中有15%～20%的人可归类为高敏感度的人（highly sensitive person，HSP）。也有人称这类人为读心人，或者只是简单说这类人"脸皮薄"。最糟糕的是，这类人会被误贴上患有精神疾病的标签，比如边缘型人格障碍（borderline personality disorder，BPD）、双相障碍（bipolar disorder）、多动症（attention deficit hyperactivity disorder，ADHD），或者抑郁症（depression）。

在本书中，"情绪敏感""情绪强烈""情绪天赋异禀"这几个词可互换。我们的文化将这种特质误解为一种状态，其实它是一种力量。许多情绪敏感且强烈的人都有着非凡的能力，能够洞察他人的意图、动机和愿望，也同样能够反思自己的感受、恐惧和动机。情绪强烈的人往往在其他领域也有杰出的能力：音乐、视觉艺术、逻辑思维、身体感知及运动等。就像在后面的章节中你会看到的，情绪敏感不仅仅与天赋异禀密切相关，它本身就是一种天性。

然而，情绪强烈的人也面临一系列独特的人际挑战。这种深入且强烈的感受力通常起自早年，那时候你还欠缺调整情绪的能力，因而可能会遭受心理损伤，这些损伤通常与拒绝、羞耻和孤独相关。作为一个天才儿童，你要么被过度刺激，要么刺激不够，或者被社会及文化中的"得体性"打压。你或许曾苦恼于自己的"能力不足"，感到内疚，感到要为一些超出自己控制的事情负责，或者因为"反应过度"或"太敏感、太戏剧化"而受到指责。

作为成年人，你还可能常常困扰于自我怀疑，关于生存的孤独感也总是挥之不去。一方面，你要处理那些冲你而来的敌意和评判；另一方面，你必须划定适当的边界，隔开那些想要利用你的感知能力和直觉能力的人。

天生情绪强烈、敏感以及情绪天赋异禀的人，就像拥有了大功率的跑车。这些跑车有着动力非凡的引擎，需要特殊的燃油和特别的保养。如果车况良好、保养得当，它们会成为世界上性能最好的车辆，会赢得很多比赛。但问题是，车主可能还没有学会如何驾驭这些强劲的家伙。

在本书中，我希望通过帮你检视下面的几个问题，来帮你应对这种强烈的生活体验：

- ◀ 是我有什么问题吗？
- ◀ 到目前为止，怎么用这种特质来解释我的生活体验？
- ◀ 现在，我能做些什么来疗愈我的情绪之伤、改善我的生活并发挥我的潜能？
- ◀ 我要怎样超越"仅仅是活着"，而作为一个情绪敏感和强烈的人真正地茁壮成长？

一旦你发现了你的与众不同来自哪里，你就可以踏上一场寻回之旅，找回你丢失已久的天赋。突然之间，你的生命历程有了意义。一旦你开始走向自我实现，诸如真正的存在、生活的意义以及存在的目的等主题就都明晰起来了。一旦踏入真正属于你的真理之境，你就会相信，你自己是以一种独一无二的方式与这个世界相联系的，你也会发现你所能给予的是什么。最后，我希望你能渐渐明白，作为一个独一无二的个体，你的能力和觉知不仅非同寻常，而且异常珍贵。

情绪强烈与人的成长

或许没有人告诉过你,作为一个情绪天赋异禀的人,你自然会经历激烈的内心冲突所形成的循环,有些时候看起来像是在经历"情绪危机"。这些循环既不是偶然随意的,也不是徒劳无用的,更不是情绪软弱的迹象,而是被称为"正向非统整"(positive disintegration)这个关键过程的一部分。这个概念来自波兰心理学家卡齐米日·东布罗夫斯基(Kazimierz Dąbrowski),他毕生致力于研究那些在智力或者艺术上有天赋的人的心理结构。他的工作证实,这些人之所以能达到更高的发展水平,情绪强烈是不可或缺的因素。那种被撕成两半的感受来自你的理想自我和你当下的窘迫之间的分裂。它之所以如此强烈是因为你的成长要求你摧毁已有的结构,包括你的思维方式、感受方式,以及在这个世界上的存在方式。

成长就是去见识从未见识过的,感受从未感受过的,做从未做过的事。它要求你放弃你以为的自己,质疑传统的生活轨迹,投身于未知的空间。你或许还要忍受一阵子的孤独,和你的朋辈不再同步,他们的准则与你新发现的真实及更高的价值观不相容。

对于情绪天赋异禀的人,内心的冲突与其说是有害的,不如说是发展性的——它们是"成长痛"。根据东布罗夫斯基的理论,经过一段时间的"正向失调"(positive maladjustment)后,你的生活会符合你更高的价值观,比如宽仁、真诚、有创造力(Dąbrowski, 1966)。换句话说,你的情绪强烈不再是成长的副作用,而是成长的必要组成部分。由于天性中的激烈,以及想要做最好的自己的愿望,你常常经历快速直升的学习轨迹,推陈出新。纵然有时你会对挑战感到厌烦,但对真实性及成就感的需要会推动你前进。

每个情绪强烈的人的内心深处,都住着一个内心极度丰富,有着巨大热情,有很多东西可以付出的人。你的强烈情绪不会消失,你为什么想让它消失呢?其实,你可以学着拥抱它,对于你的亲身体验,你可以摈弃传统的、医学化的(也根本是不正确的)观点,而采取一种能够帮助你发挥潜能的观点。

本书有何独到之处

近些年,心理学领域及主流媒体对情绪敏感、共情力、内向性以及其他相关主题的研究兴趣激增。然而,还有许多问题有待回答。本书意欲填补空白,为当代社会中现行的对敏感的认识提供另一个视角。

"本书不主张一味回避明亮的灯光、高分贝的声音",提倡超越回避

搜寻关于敏感个体的现有资料,可以发现涉猎最多的主题有"幸存""保护""回避"。遗憾的是,通过整理这些资料,我们发现过往的研究对敏感个体的认知是,他们"面对这个世界,太脆弱了"。因而给出的建议集中在应对淹没感:比如"远离"刺激源,设立边界及限制接触,避开情感吸血鬼等。这些建议尽管有一定的价值,但也有风险,会更让人觉得:敏感的人在某种意义上来

说是能力不够的，或者说他们不具备在这个世界上生存的本领。

情绪敏感的人能深刻地观察并感受事物，能高度同步周围发生的事情，但这只是他们天性的一个方面。他们不仅敏感，还情感丰沛，富有激情和爱心。他们中很多人性格外向，能从与他人的共处中汲取力量。所以，想要享受充实的人生，不应完全独处或回避，不应生活在一个完全不与人接触且没有刺激源的世界里。

许多情绪敏感又强烈的人很有天赋，有天赋的人需要一定程度的刺激来让他们保持最佳状态。他们觉得最充满活力、最有联结的时刻是在投入一段关系时，这段关系是在他们和那些在智力、心灵以及情感上与他们相匹配的人之间建立起来的。对他们来说，不管是在生活中还是在关系中，刺激不够和过度刺激同样有问题。

如果我们认同自己在某种程度上受伤了，是一个无能的人，需要有人为我们遮风挡雨，我们就会按照相应的方式设计我们的生活：朝着回避，而不是成长和开拓的方向前进。最终，我们的世界萎缩了，我们再也看不到自己的无限潜能。

相反，如果我们能够聚焦于如何增强适应性，让自己更开放，跟随生命潮起潮落，这可能会更有帮助。本书推荐的是另一种方法，这种方法一开始似乎是反直觉的：不去努力寻找方法对抗生命中不可避免的挑战来保护自己，而是采取开放的立场。不是收缩，而是拓展。一个敏感的人要茁壮成长，就要开放地迎向世界，而不是关门闭户。

我们的终极目标（也是所有人的目标）是释放每个人内在的天赋，让我们所有人都可以对这个世界说我来过，并留下自己的印记。如果我们被禁锢在一种受限的、基于恐惧的生存方式中，是不可能达成此目标的。因此，我想邀请你彻底地改变对情绪强烈的看法：你不是自身特质的无助牺牲品，世界也不是一个"你死我活"的战场。与其强化退缩与躲藏的必要性，不如我们一起寻找一条道路，证明我们是充满热情、爱与奉献的人。

"本书远不止于饮食健康与冥想"，还从情绪根源上着手解决问题

现在，针对敏感的人，有太多的调整生活方式的建议，比如通过冥想、节食以及补充营养等方法来改善睡眠、减轻压力。尽管自有其实用价值，但本书的目的是超越这些"常识性"建议，更深入地探索情绪敏感、情绪强烈、情绪天赋异禀的发展轨迹及心理影响。

尽管敏感并不是病，但敏感的人还是要面对一些挑战。本书会谈到一些主题，比如，被人误解的痛苦，感觉自己和别人不一样、不同步的挑战，以及如何处理从恐惧到羞耻等一系列情绪。虽然给出了一些实用的建议，但本书并不是一本解决问题的"手册"。最深刻而持久的转变是我们思维模式上的转变，对自己、对世界的基本信念的转变。我们将直面引发当下问题的那些核心记忆，以便从根本上消除情绪困难。展现在你面前的不仅仅是一个理智上的过程，还包含情绪层面的改变。把传统心理学理论与灵性智慧结合在一起，我们工作的目标是帮你发现深埋已久的情绪痛点，调动你的天赋才能。

我们会谈到天赋异禀

高度敏感与情绪强烈是大多数有天赋的人的寻常体验。在本书的后面几章中你会看到，大多数有天赋的人对于智力、感官、身体以及情绪上的刺激都有高于常人的反应，心理学家称之为"可激发性"（excitability）。研究表明，可激发性是高发展潜能的一个特点，通常伴随着特殊的能力与天分。然而，很少有人研究情绪强烈、敏感与情绪天赋异禀之间的关系，大概因为"天赋异禀"这个词在我们的社会中被赋予了太多含义。

天赋异禀常被误解为仅仅由智商（IQ）来定义。事实上，天赋异禀可以是各种各样的，绝不仅仅指人智力上的能力。除了在音乐、视觉艺术或者运动领域的优异能力，还包括更少人谈起的人际关系智慧、个人内省智慧以及灵性智慧。

"有天赋"这个词仅指世上那些有着不同神经构造及不同需要的人。就像眼睛的颜色或身高，是一个中性的、先天的特质，"有天赋"并不意味着你高人一等，或许只是意味着你和别人不一样。有天赋的人有独特的挑战要面对，我们非常需要一个安全的空间，能够远离评判和批评，这样我们才能谈一谈"有天赋"带给一个人的酸甜苦辣。

让我们开始吧

确认你自己是一个在情感及同理心上有天赋的人，这意味着尊重你独特的需要，更重要的是，意味着不因你的与众不同而感到羞愧。正是你的情绪敏感和强烈承载着你潜在的优异。所以，为了你的成长，也为了你周围的人，你必须要拥抱真实的自己，重构你的独特品质，把它作为宝贵的资产，而不是沉重的负担。

在本书中，我们将讨论一系列发人深省的主题。通过一些练习，我希望能帮助你从一个新的角度来思考你的过去，指引你当下的生活，并创造新的可能。你自己的背景、价值观和信念所构成的独特境遇会告诉你路在何方。书中的某些思想及概念可能会比其他部分更能引起你的共鸣，所以，请自由地取你所需，其他的暂且放在一边。

伊米·洛（Imi Lo）

 反思

开始之前，你或许愿意就以下几个问题先做个反思：

1. 在这条从疗愈到茁壮成长的路上，你在哪里？
2. 当下，你生活中的哪一部分最需要注意？
3. 你最希望从这本书中获得什么？
4. 在这个过程中，你可能会需要什么样的支持？
5. 你希望从哪里开始你的精神-灵性成长？

目 录

导 言

第一部分　情绪强烈的人

第 1 章　情绪敏感、情绪强烈与情绪天赋异禀　/ 2
　　　　你是这样的人吗　/ 2
　　　　附加说明　/ 7

第 2 章　关于情绪敏感与情绪强烈，我们知道什么　/ 9
　　　　高敏感度的人　/ 9
　　　　天赋异禀　/ 13
　　　　读心人与同理心　/ 15
　　　　边界薄　/ 16
　　　　创伤导致的对环境敏感　/ 19

内向 / 21

第 3 章　**情绪敏感与天赋异禀** / 23
从未探讨过的天赋异禀 / 24
情绪天赋异禀的各种形式 / 26
天才的人格特质 / 31
过度可激发性 / 33
重新看待你的天赋异禀 / 36

第 4 章　**情绪强烈与心理健康** / 37
什么是正常 / 37
边缘型人格障碍与同理心 / 39
情绪敏感与精神疾病之间的关系 / 41

第二部分　情绪强烈的复杂性

第 5 章　**家庭环境** / 47
无形的伤口 / 47
情绪敏感的孩子受到的无形伤害都有哪些形式 / 49
童年没有得到足够支持会导致的后果 / 57

第 6 章　**外部世界** / 62
木秀于林 / 62
嫉妒与围绕在天才周围的社会动力 / 63
躲藏和退缩 / 68

第 7 章　内心世界　/ 77
　　因"太过了"而羞耻　/ 77
　　情绪风暴与失控　/ 83
　　感到空虚和麻木　/ 88

第三部分　从疗愈到茁壮成长

第 8 章　疗愈旧伤口　/ 97
　　说出真相　/ 97
　　不再执着于"本来可以"　/ 102
　　冲破旧日羁绊　/ 106
　　应对与家人相处的困难时刻　/ 112

第 9 章　建立情绪弹性　/ 120
　　从防御到开放　/ 120
　　建立安全基地　/ 126
　　友好地对待你的情绪　/ 133
　　倾听你的感受　/ 138
　　驾驭生命中的起起落落　/ 144
　　向生活敞开怀抱　/ 149
　　相信生活　/ 154

第 10 章　了解真实的自己　/ 159
　　做回真实的自己　/ 159
　　在日常工作与生活中让心流永驻　/ 170

　　　　安全地表达真实自我　/ 178
　　　　让真实说了算　/ 184

第 11 章　存身立世　/ 189
　　　　守护你的情感边界　/ 189
　　　　理解被动攻击行为　/ 198
　　　　看见自己的阴影　/ 206
　　　　拥抱你的明亮面　/ 210

第 12 章　寻找真正的亲密　/ 213
　　　　知道在什么时候，你的昨日时光重现了　/ 213
　　　　对坏关系说"不"　/ 220
　　　　避免过度厌烦以及被过度消耗　/ 228
　　　　你的盔甲　/ 234
　　　　找回爱的能力　/ 239

第 13 章　实现你的创造性潜能　/ 244
　　　　发挥你的创造力　/ 244
　　　　向内寻找你的创造使命　/ 247
　　　　建立创造力联盟　/ 252

这封信，给每一个充满激情的灵魂　/ 258

延伸阅读　/ 263

第一部分

情绪强烈的人

本书的第一部分将探索情绪敏感（强烈）这个概念。作为一个情绪敏感的人，你可能曾被人贬斥"过于敏感""太过激烈"。甚至有时候你也会觉得这是你的问题，你的敏感是某种疾病的症状。在第 1 章，我们会研究一些定义，明晰当我们在说"情绪敏感"或者"情绪强烈"时，到底指的是什么；此外，我们还会探究与情绪敏感相关的一些特征。在第 2 章中，我们会更详细地探讨，探索高敏感度的人、天赋异禀、同理心、边界薄、内向性等概念。第 3 章集中探讨情绪天赋异禀：它的不同形式，以及有天赋的人会表现出哪些个性特征，还会探讨过度可激发性的概念。第 4 章探索情绪强烈和心理健康之间的关系，圆满结束第一部分。

第 1 章

情绪敏感、情绪强烈与情绪天赋异禀

你是这样的人吗

本书从头到尾,"情绪敏感""情绪强烈"及"情绪天赋异禀"这三个短语可互换使用。这种特质包含以下五个核心特征:

1. 深刻、强烈且复杂的情绪
2. 深切的同理心及高敏感度
3. 高度敏锐的知觉力
4. 丰富的内心世界,充满了感觉、幻想及智力上的可激发性
5. 创造性潜能与存在焦虑

深刻、强烈且复杂的情绪

作为一个高敏感度的人,你有能力体验到比正常水平更深刻、

更复杂、更强烈的情绪。这会让你的感受极其生动，有时候也会令你极其痛苦。你体验到情绪之流连续不断，有积极的，也有消极的，有时候两者一起出现，有时候是短时间内的互相转换。

你体验到的情绪既强烈又波动：你能从欣喜若狂瞬间跌入忧伤的谷底。被艺术或者音乐打动时，你会被喜悦的潮水淹没，进而心醉神迷，不知今夕何夕。甚至有些时候，你体验到情绪是如此强烈、无法抵御，你都感觉到自己要失控。

你充满激情，即使在外表上可能看不出来。另外，由于强烈地感觉到爱与依恋，你总想与人、地方及事物建立一种紧密的情感联结，有时候分离与结束对你来说异常困难。

比起别人，可能你在生命中会体验到更多的温柔、忧伤及怀旧的感觉。然而你情感上的宽广度常被人误解为一种情绪不成熟的状态，而并不是你有深刻感受力的证明。

深切的同理心及高敏感度

你总是深切地关注身边人，从小就这样。当他人受到虐待时，你总是感同身受。不仅对人有同理心，你或许还感到与动物、大自然及灵界的元素有直接的联系。

你有一种天生的本领，能感受到其他人的能量，"同理心"是你的个性特征。在社交情境中，你能凭直觉知道其他人处于什么样的身体或精神状态，你感到自己也"承受着"他们身体及精神上的不适感。

你总能体察他人的痛苦，并为之神伤，因而你更希望与人建立一种精神上的、有意义的联结。一旦拥有一段关系，你会忠贞不渝、理想主义并且富于浪漫气息。然而，天生的不设防及敏感，意味着你很容易在关系中受伤。你的爱与悲悯的天性或许已经因早年的拒绝与创伤而受到抑制。

拥有高敏感度的感觉系统也意味着你对周围的环境非常敏感。对于感官上的愉悦，比如音乐、文字与艺术，你越来越欣赏；同时，对于眼见、耳闻、触摸、品尝以及鼻子嗅到的东西，你的反应也很强烈。感官接收的信息太多可能会让你感觉被淹没，或者不舒服。你可能对于高分贝的声音、强烈的气味或者有形的接触（比如衣服的标签或者粗糙的表面）都很敏感。你可能会苦于一些躯体症状的折磨，比如恐音症（对某种声音的忍耐度低），听觉过敏（对特定频率及音域的声音敏感），复杂型过敏及痛觉敏感。

高度敏锐的知觉力

在知觉能力上具有天赋意味着你能感受到、觉知到其他人遗漏的东西。敏锐的觉察能力让你能看穿表象，你常常忙于掌控局势，建立联结。

洞察力、直觉以及从多个层面理解现实的能力，使得你能快速对人或者情形做出判断。在社交场合，你能觉知场上的人际互动，并且如此准确，非常令人震惊。你觉着自己好像知道接下来要发生什么事，或者其他人心里怎么想。当有些事不合情理时，你能够感觉到某些人外表背后的目的、想法和感受。

然而你的这些能力并不一定会让你的日子好过。就算你有时候难以承受自己洞察和直觉到的东西,你也做不到"看不见"它们。你烦恼于世间的伪善与不公,与不真诚的人、氛围打交道让你内心非常纠结。你禁不住想要"指出房间里的大象"㊀。

你敏锐的洞察能力也面临一些挑战。其他人或许并不喜欢你的这一特质,那些感觉"被你看穿了"的人可能会认为你很吓人。你善于内省的天性,再加上你感受到的生活中的痛苦、虚伪与复杂,可能常常会让你觉得自己比周围的人老一些,像是一个"老灵魂",在世间无根漂泊。

在家庭中,你可能会被当成替罪羊,在表面的正常之下,你总是说出大家都不愿明说的痛苦的真相。你可能被分配到"问题成员"这样的角色,成为代罪羔羊或者害群之马。通常,这是某些家庭成员下意识采取的一种策略,从而回避他们自己的痛苦情绪。

你有一种内在的冲动,要去突破条条框框,要去质疑或者挑战传统,特别是那些在你看来没有意义或者不公平的传统。你有强烈的正义感,面对世上的腐败与不公,你感到非常沮丧。作为一个超前的人,你揭示的真理以及你的进步思想,大多数人听到或看到都会感到不安。这或许意味着你的人生路上充满了挑战,但也意味着你有潜力成为高瞻远瞩的领导者。

丰富的内心世界,充满了感觉、幻想及智力上的可激发性

你内心世界丰富,充满了想象,你总在内心与自己对话,你的内省常常被词语、画面、隐喻、形象以及活灵活现的幻想与梦

㊀ 比喻人人心里都明白却都视而不见的东西。——译者注

境占满。当你还是个孩子的时候，一旦感到情绪混乱，你可能就会退隐到想象的避风港中。

在心智上，你勤学好问又善于反思。你对于了解事物、拓宽视野、获得知识以及分析自己的思想有着强烈的欲望。你能快速且深入地处理信息，所以你很快就能吸收消化掉它们。你可能还是位酷爱阅读的人和敏锐的观察者。对于那些跟不上你思路的人，你可能会显得挑剔、没有耐心。你可能有能力把知识概念融入你对新颖思想的感受，你或许总是思若涌泉，甚至有时候感觉自己都跟不上自己的所思所想。

对于某些主题，你可能会过度热情并为之殚精竭虑。当你为心中的某个想法激动不已时，你会发现你的脑子转得太快了，语言都跟不上，或者你会发现自己语速飞快，可能还会打断别人。当你沉浸在一件艺术作品、一部文学作品、戏剧作品或者音乐作品中时，外面的世界就不存在了。

你非常善于沉思冥想与自我反省，但不好的一面是你可能会被强迫性思维以及惴惴不安的自我审查占去太多时间。你或许会追求完美，或者对自己太过苛责，因而痛苦不堪。

你对体验的开放性态度也意味着你比别人更有潜力获得灵性上的觉察和体验。你对灵性的世界很有感知力，或许在年轻时你就被灵性道路所吸引。这或许是某种心灵能力的证明，或许不是。

创造性潜能与存在焦虑

你总是忧心于人生大问题。从年轻时起，你或许就已经体验到存在抑郁（existential depression），为生命的无意义、死亡及孤独感到悲伤。你或许常常郁郁寡欢，难以融入人群，对于其他人都不愿思考这些重大的问题而感到沮丧。

你的存在焦虑表现为一种难以名状的紧迫感，总感觉必须不断前进才行。你总是"忧心忡忡"，感到时光飞逝，要来不及了，重要的事还没做，哪怕其实你并没有什么清晰的规划。或许你感到肩上有一副重担，想要负责那些你无须负责的事。这种压力会让你对自己非常不满，让你体验到焦虑、内疚以及失败感。

焦虑会迫使你不断学习、拓宽生命的道路并不断前进，但它也可能让你瘫痪。你可能常常遭逢创造性障碍，比如"艺术创作停滞""写作停滞"、拖延、害怕暴露或者罹患"冒充者综合征"（感到自己是个冒牌货）。当你有了更广阔的视野，或者更新颖的思路时，你会感受到归属感与真诚表达之间的分裂，也就是说，你想要全面、真实地表达自己，却担心会被拒绝，或者担心自己"木秀于林"会让其他人难受。

或许你是个博闻强识的人，或者"多项潜能者"，是那种兴趣广博，有多种创造性追求的人，不会一条道走到黑。你渴望"天生我才必有用"，却纠结于自己不能术业专攻。尽管如此，你还是深深知道，无意义的、完成任务式的人生是不会令你满意的。

附加说明

本书接受"神经多样性"这个概念：的确有一部分人天生就

与普罗大众不一样，他们有着别样的敏感、强烈和天赋异禀。但我的目的不是自创一个极为简化的系统，然后把你归入某个固定的类别中，或者僵硬地认为你的所思、所想、所感会永远和别人不一样。

对情绪强烈这一特质进行概念化，不可避免地要对人性的复杂度加以概括并简化。遗憾的是，语言有局限性：这就像是地图从来都只是某个地理疆域的简化图，要记录、理解并交流，我们需要把难以触及的现实图式化。

相较于一个真实的、独一无二的人来说，分类学或许是一种必要的简化，但无论如何我也不想用漫画的方式。我们要牢记，比理论更重要的，是一个活生生、不断变化的人的"此时此地"。希望我们大家都能重拾"初心"，永远保持开放与好奇，对于世间万物，一直都"犹如初相见"。

万物皆无常。

第 2 章

关于情绪敏感与情绪强烈,我们知道什么

近些年,不管是心理学家,还是普罗大众,都对情绪敏感、同理心、情绪智慧、内省,以及这些特质与人的幸福度及创造力之间的关系等主题,越来越感兴趣。你或许已经认同自己是一个情绪高度敏感、"富有同理心"或者内省的人。你或许还在怀疑你的这些特质是心理疾病的征兆,或者童年创伤的后果。为了搞清楚你作为情绪敏感且强烈的人的生命体验,让我们从回顾这些概念开始,看看这些概念是怎样与你有关或者无关的。

高敏感度的人

伊莱恩·阿伦(Elaine Aron)博士的《天生敏感》(*The Highly Sensitive Person*,1996)一书,让高敏感度这个概念日渐为人所知。阿伦表示,15%~20%的人天生"感知觉敏锐":这个鲜明

的特征，无法说它是种疾病，因为发生率太高了，可要归于主流特征，其发生率又太低了。

阿伦的研究发现，高敏感度的人大脑右半球更活跃，同时免疫系统和神经系统的反应性比较高。情绪上高敏感度的人也常常体验到身体上的敏感。对大多数人来说只是轻微烦恼的事物，比如：喧闹的人群，或者钟表的嘀嗒声，对 HSP 来说都难以忍受，对于刺激、突然的变化，以及他人的情绪低落，他们的反应水平要高于常人。对于 HSP 来说，高分贝的声音、明亮的灯光、嗡嗡作响的电视机，甚至衣服标签对皮肤的摩擦都难以承受。

这种敏感在一个人很小的时候就能被观察到。在大多数情况下，敏感度高的孩子会被贴上古怪、敏感或者害羞的标签。他们有各式各样的脾气，取决于父母的养育方式：高敏感度的孩子可能被视为困难儿童、好动分子、不守规矩以及要求太多难伺候，或者，在连续谱的另一端，可以说是一个"太容易养"的孩子（比如，需求太少太好带，或者像个小大人儿）。

高敏感度儿童在性别上比例均等。他们常常看起来像完美主义者，"不整齐划一"的事物都会给他们带来心理或者身体上的压力。这种追求完美的趋势也可能表现为强迫倾向。高达 70% 的 HSP 性格内向，常常需要有一些私人空间来做准备，或者让自己恢复，才能再次回到忙碌喧嚣的现代社会中。

阿伦是研究这个主题的先驱，在让主流媒体认识情绪敏感这一现象上，发挥了主要作用。《天生敏感》出版已经有 20 年了，后来又有不计其数的图书和文章探讨 HSP，以及他们面临的特殊议题，比如：亲密关系、在工作场合如何获得平静、如何成功等。这些资源或许会让一些敏感的人感到宽慰，他们终于能够命名自己的体验了。然而，还有很多问题没有回答：由于与别人的成长过程不一样，高敏感度的人如何才能缓解由此带来的根深蒂固的心理伤痛？敏感与其他人格特征之间，比如与同理心或者聪明之间，有什么样的联系？

超越 HSP

你可能想问："我太符合 HSP 的特征了，这本书和其他讲 HSP 的书有什么不同呢？"

我扩展了情绪敏感的定义，把强烈度与天赋异禀这些维度包括进来。我在研究及临床工作中发现，有一群人，或许是 HSP 的一个子群，不仅"敏感"，还情绪异常强烈，热情，具有觉知力和创造力。如果你是这样的人，那"敏感"这个术语就太简单了，不足以描述你的体验。

在字典里，一个敏感的人"能够感知到一种或多种感觉，对外部状况或外界刺激反应灵敏，易于受到环境细微改变的影响"。敏感的人"易怒、经常发火"，并且"很容易受伤、难过，或者被触怒"（*American Heritage® Dictionary of the English Language*, 2011）。这个传统的定义虽然描述了你对周围环境具有敏锐的知觉能力，但也只展示了你人格中的反应性方面及被动性方面。

下面是"强烈"在字典中的定义："具备充沛的精力、力量、专注力、热情等，用来描述行为、思想、感受""情绪兴奋度高，感受深刻"（www.dictionary.com）。情绪强烈意味着你不仅敏感，还充满热情，情绪饱满，富有活力。

或许你的内心世界丰富而复杂，你品位精致，或许你在味觉、嗅觉、听觉及欣赏艺术作品方面极其细腻。因而，你可能对所处环境中的幽微之处洞若观火。HSP通常具有高度同理心，能感觉到在特定情形下做些什么会让别人舒服。你就像海绵吸水一样吸收信息，因而对他人的情绪极其敏感。而且，你不仅敏感，还很热情——也许是个理想主义者或者浪漫派。在大多数自然状态下，你都能感受到自己的鲜活生动。时不时地，你还会感到一阵狂喜。

对于HSP，除了目前已有的建议，还有一个问题值得注意，那就是应对情绪强烈与敏感所需的精力和刺激管理能力。在HSP原来的定义中，敏感的人易于受到惊吓，慌乱紧张，因而人们建议他们重新规划生活，回避那些令他们沮丧或者难以承受的场景。人们认为变化会吓到HSP，竞争或者评论会导致他们神经质或者情绪不稳定（"感觉寻求型"HSP子群除外，他们喜欢新奇和冒险）。结果就是，大多数的HSP自助手册都在讲述如何处理过度的刺激，许多治疗师和训练师在为HSP治疗时也致力于提供指导，帮助他们把外部刺激和压力限制在一定范围（Aron，2013）。

然而情绪强烈又具备天赋的人并不一定害怕刺激。实际上，他们需要一定量的刺激来维持其最佳功能水平。要达到身心愉悦，他们还必须富有生产力和创造力，找到"最佳"平衡点，他们总能从这个平衡点进入一种灵感不断迸发的状态（见第10章）。的确，他们即便允许刺激进入到生活中，还是要警惕刺激的强度水平，但他们也要避免刺激不足。刺激不足与过度刺激一样有问题，都会给生活的方方面面造成不良后果，包括工作、亲密关系以及日常活动。本书将对连续谱的两个极端所涉及的议题都进行处理。比如，我们将探索终身伴侣对天才"刺激不够"时，会带来怎样独特的困难。情绪强烈的人永葆健康的关键是找到恰到好处的刺激，不管是在智力上、情绪上还是身体上，而不仅仅是想办法回避刺激。

天赋异禀

在现有的著作中，很少有人承认：敏感的人拥有的情绪力量是一种天赋。实际上，阿伦博士自己也不愿意把高敏感度这个概念和天赋异禀联系在一起，她认为敏感是一种中性特质，而天赋异禀是"非常正向"的（Aron, 2014）。然而我断不能同意阿伦博士的这一观点：天赋异禀一定是一个更好的或者"非常正向"的特质。就像"敏感"，它只是描述了一个特征，这个特征把一部分人与普罗大众区分开来。把"天赋异禀"定义为一个人有能力展示出一种被世人视为杰出的才能，是非常狭隘和局限的。天赋异禀并不一定等同于拥有某些技能，或者任何外在的杰出成就，它是一种特质，力量和危险与之同在，就像敏感。阿伦博士观察到，并不是所有的HSP都是天才，也不是所有的天才都是HSP。尽管说得没错，但越来越多的临床证据及传闻证明，这两群人之间有着非常大的交集。

许多情绪强烈又敏感的人显示出来的性格特征是研究人员在

天才人群中也会观察到的。天才就像一台大功率处理器，他们吸收消化感知觉信息、情绪信息的速度非常快。相应地，他们的知觉力水平以及直觉的准确度要超过常人。当然，敏锐的观察力和非凡的知觉力也常见于情绪敏感且强烈的人身上。

天才的另一个特质是道德上的敏感。由于道德上的敏感，触动他们情绪扳机点的事情通常要比他们当下面临的事情更大或者更深刻。比如，工作中，看似普通的小意外，可能会让道德敏感的人心烦意乱，他们觉得不公正（区别对待、性别歧视等）或者事情不应该是这样的。在年青人身上，道德敏感可能表现为在看起来很琐碎的小事上叛逆对抗，或者对人道主义和革命理想充满激情，这些都是周围的成人无法理解的。

天才所经历的这种情绪上的挣扎被称为"正向非统整"（Dąbrowski，1966）。他们并非正在遭受情绪敏感之"苦"，而是正在利用这一特质加速自己的成长，不管他们是否意识到自己正在经历什么。天才在经历自己的成长时，会有一段时光特别难熬，那是因为他们之前那些功能失调的世界观以及自我限制的信条正在动摇。最终，他们会成为更加圆满的人，有能力进行独立思考，独立寻找生活道路。

> 本书不只教你如何处理太满溢或者太强烈的情绪，还希望能从根本上改变你对自己的看法。我希望你明白，大多数时候，你强烈的情绪根本不是疾病，而是服务于某种目的，促进你成长。

在后续章节中我们会看到，不愿去探索情绪敏感、强烈与天赋异禀之间的关系不仅会给情绪强烈的人带来负面影响，也会对我们集体意识这个整体的发展带来不利因素。

读心人与同理心

在一些深奥难懂的自修书籍中，"读心人"这个术语会用来称呼那些能敏锐地觉知到他人、动物及周围环境中的情绪和能量的人。尽管对于"读心人"并没有统一的定义，但它通常用来描述这样的人：有能力从身体上感知到他人或者所处环境中的能量。他们的同理心技巧有时会显得"超自然"或者很神秘。

学术界虽然没有人使用"读心人"这个术语，但心理学家对同理心这个概念做了广泛研究。心理学上，同理心的一个宽泛的定义是指一个人有能力分享或者理解他人的感受，它决定了我们在这个世界上如何做人（Davis，1983）。什么叫作高水平同理心？心理学家在研究这个主题时发现：

◀ 同理心水平的个体差异影响着人们辨识面部表情的方式（Besel and Yuille，2010）及对社交线索的反应方式（Eisenberg and Miller，1987）。

◀ 同理心水平高的人更善于辨识别人的情绪。然而，他们"偏好"辨识别人负性情绪的表达，也就是说他们对别人的负性感受更敏感、更警觉。或许正是因为如此，同理心水平高的人更容易体验到"共情性悲伤"（Chikovani et al., 2015）。

◀ 有趣的是，在同理心水平高的人里面，女性比男性更能注意到、辨识出悲伤情绪。

◀ 过度的同理心，即能够非常强烈地感受到其他人的负性情绪，与心理健康专业人士及护理人员的情绪障碍相关。他们的共情性悲伤通常都是因为同情心疲劳或者耗竭（Batson, 1987；Eisenberg et al., 1989；Gleichgerrcht and Decety, 2013）。

作为一个"读心人"，你有一种天赋能够与他人的情绪产生即时联结，而且是自动的、下意识的。如果你认识不到这一点，不把自己的感受同他人的感受区分开来，你可能会被来自周围人的高压和痛苦淹没。你可能会出现一些心理上的症状，比如情绪波动，或者身体上的症状，比如不可预测的精神亢奋、头痛以及疲劳。所以，天生有同理心的人要学着打磨他们的同理技巧，比如情绪调节及观点采择（McLaren, 2013）。不具备这些技巧，很多的"读心人"最终会因为"吸收"他人的情绪太多而耗竭（见第12章）。

边 界 薄

在20世纪80年代，欧内斯特·哈特曼（Ernest Hartmann）博士（1989，1991）提出了"心理边界"（boundaries in the mind）的概念，这个概念解释了个体敏感度水平的不同。他在自己的理论中，根据边界的不同，从厚到薄，提出了一个人格类型连续谱。

哈特曼博士的研究从一个观察结果开始，他观察到那些常做噩梦的人有某些共同的人格特质。这些易做噩梦的人通常更"不设防"、有艺术气息、富于想象力，而且开放。这些人的自我认同与外部世界之间的屏障有很高的渗透性，因此哈特曼博士把这群人描述为"边界薄"。在连续谱的另一端，那些边界厚的人被描述为更"稳固""清心寡欲"以及"坚韧"。

自从哈特曼博士在20世纪80年代提出他的发现以来，至少有5000人采用了他的边界问卷（boundary questionnaire，BQ），超过100篇文章提到这个问卷。各种研究日益累积，想要全面描述心灵边界的"厚度"所涉及的问题及症状。

边界薄的人敏感度高，或许在早年就显示出下面的特点：

- ◀ 对感知觉刺激的反应比常人要强烈，明亮的灯光、高分贝的声音，以及特殊的气味、味道、手感都会让他们焦躁不安。
- ◀ 对于身体上或者情绪上的痛苦，不管是自己的还是他人的，都有比常人更强烈的反应。
- ◀ 由于太多的感官或者情绪输入而感到压力或者疲劳。
- ◀ 比常人更易受过敏症的困扰，或者免疫系统的灵敏度高于常人。

◀ 对孩提时期发生的事件反应程度更深。

相比之下，边界厚的人通常被认为更清心寡欲或者感觉迟钝，可能更会：

◀ 把情绪烦恼一扫而光，以便能立刻解决问题或者把实际事务处理得井井有条。

◀ 情绪波动不太明显。

◀ 不能很快辨识出自己有什么样的感受。

◀ 对环境中的细枝末节及微妙的变动不那么敏感。

◀ 体验到一种持续存在的疏离感或者空虚感。

这个概念还有一个独特的地方就是它与人的身体健康有关系。研究发现，边界厚的人更易罹患高血压、慢性疲劳综合征及溃疡，而边界薄的人更易受到偏头疼、应激性结肠综合征以及过敏症的折磨。边界薄与多重化学物质敏感（multiple chemical sensitivities）之间似乎也有关系（Jawer，2006）。

研究中另一个有趣的发现是：边界厚度与职业选择之间有相关性。学艺术的学生、学音乐的学生、男性及女性时尚模特、主要从事各种创新工作的人员，这些人都往往有着相当薄的边界（Hartmann，1991；Krippner, Wickramasekera, Wickramasekera and Winstead，1998）。有人认为，边界薄的人更愿意进行心理治疗，也更有可能从中获益（Hartmann，1997）。焦耳（Jawer）和米克兹

（Micozzi）在他们的著作《你的情绪类型》（*Your Emotional Type*，2011）一书中，甚至发明了一个框架，读者可以根据自己在心理边界连续谱的位置，选择有可能起效的治疗。

尽管存在局限性，即缺乏定量研究数据以及不可避免地过于概括化，但心理边界这个说法还是提供了一个有用的框架，有助于区分并解释人格的差异。边界薄的人与情绪敏感或者超有同理心的人所体验到的痛苦并没有不同。可以想象，如果没有这些觉知和科学研究，边界薄的人可能也会被误解与混乱困扰多年。

创伤导致的对环境敏感

海勒（Heller）与拉皮埃尔（LaPierre）在他们的开创性著作《创伤疗愈》（*Healing Developmental Trauma*，2012）一书中，讨论了"能量边界"（energetic boundaries）这一概念，以及如果这个边界不够牢固的话，对环境敏感会造成什么样的后果。

能量边界形成了一个三维空间围绕在我们周围。它保护着我们，调节我们与其他人及周围环境的互动。我们都能在某种程度上觉察身体边界受到挤压的感觉，试着想象在公共交通工具上一个人太过于靠近你的感觉。然而，不像身体边界，能量边界是看不见的。因此，能量边界破裂的体验可能是令人迷惑或者令人沮丧的。比如，你可能无法觉察你的能量边界在什么时候、怎样遭到破坏。

那些边界完整的人，能够在他们自己所处的环境中感到安全，有能力在与他人及外部世界打交道时设定恰当的界限。然而，如果你长期体验到一种源自早年的威胁，可能就难以充分发展出对能量边界的感觉。结果就是你可能变得对周围环境极端敏感。有些时候，你会看起来像个灵媒，能够与他人及环境在能量上接通。有些时候，你会感到被其他人的能量及情绪侵入或者淹没。破损的边界也可能会导致一种自身"倾泻进"环境中的感觉，分不清自己和他人，分不清内部体验与外部体验。

对环境敏感说明能量边界受损。因为过滤环境刺激需要完整的能量边界，缺少了它，你会觉得非常容易受伤，就好像"失去了皮肤"，你会觉得经常被周围环境的刺激淹没，包括"与人的接触、声音、光、抚摸、毒素、过敏原、气味，甚至电磁活动"（Heller and Lapierre，2012）。在海勒和拉皮埃尔的边界受损迹象"列表"中还包括一些身体症状，比如：复杂型过敏、偏头疼、慢性疲劳综合征、应激性结肠综合征或者纤维肌痛。

一个人如果无法过滤外部刺激，就会总感觉世界很危险，总处于紧张及高警觉的状态。结果就是，你可能觉得需要把自己孤立起来。你没有足够的内在安全感，也没有可倚仗的能量边界，为了感到安全，你可能会诉诸孤立自己，或者限制与他人的接触。

在海勒和拉皮埃尔的理论中，对环境敏感是由于一个人与自己及他人的联结能力受损而导致的，是源于早年的发展性创伤。他们还认为这种敏感与出生并发症和产前创伤（比如宫内手术、早产或者孕期的创伤性事件）有关。这一视角的消极面是可能会把这种敏感病理化。

然而，HSP相关研究显示，敏感不是一种疾病。它是一种天生的特质，一个人自出生起就有的性格气质。虽然有一些研究及理论把敏感与童年期创伤联系在一起，但这两者之间到底有什么样的关系还不清楚。本书第5章和第8章还会讨论情绪敏感的孩子会有什么样的童年期创伤这个主题。现在，最重要的是我们不要过于简单化及线性化地假定童年期创伤与敏感之间有直接的联系。

内　　向

不要把情绪敏感和内向混为一谈，这一点很重要。

内向的人与外向的人最主要的区别是他们力量的来源。外向的人从环境及周围的人那里汲取力量，而内向的人一般通过独处或者内省来恢复力量。由于苏珊·凯恩（Susan Cain）的书《安静》（*Quiet*，2013）以及她在TED的演讲，内向性这个概念最近流行起来了。与情绪敏感者一样，性格内向的人长久以来也被边缘化。在《安静》一书中，凯恩解释了性格内向的人与性格外向的人脑化学成分的区别，以及社会上性格内向的人是如何被严重误解并低估的。这本书有30多种语言的译本，在很多国家都是畅销书之一。这本书帮助性格内向的人理解自己，充分利用他们的优点与长处。

情绪天分高的人有着高度内省的特质，这意味着人们觉得

● 拥抱你的敏感情绪

他们大部分是性格内向的人。作为这个世界上敏锐的观察家,他们按照自己的评价性思维来了解生活,并且能够迅速吸收感官信息。像那些成长良好的性格内向者,他们遇事就不太会鲁莽轻率,而是能够通过内省与自我评价找到智慧与力量来应对外部世界的挑战。

对内向性的研究不断发现,性格内向的人比性格外向的人更敏感(Koelega,1992)。实际上,有人认为"内向性"的描述几乎完全符合"高敏感度"的标准定义:深入思考、宁肯慢慢来、对刺激敏感、情绪化反应、需要时间独处等。但有一点很重要,不是所有的 HSP 都是性格内向者。阿伦博士表示,大约有 30% 是社交外向型。

本章回顾了当下与情绪敏感、强烈和天赋异禀有关的几个著名的理论,以及这几个理论之间的关联。这些框架性知识非常珍贵,在探索你是谁、有什么样的成长史这些问题时,可以为你提供一些深刻见解。回顾坎坷来时路,发现点滴新自我,你就能够从一个全新的视角来看待自己,同时也会明白,别人那些武断的伤害你的评论到底是怎么产生的。不管认同自己的哪些特质,你的目标都要是真诚地做自己,找到自己的生活道路,满足你的需要,尊重你的长处。

第 3 章

情绪敏感与天赋异禀

天才是全面而成熟的思想者,他们有着独特的心理结构。他们的能力强于一般人,渴望去学习新知识与探索新发现,体验到的感官刺激更强烈,感受到的情绪范围更广更深。

我在第 2 章里已经说过,我们的社会对天赋异禀这个词赋予了过多的意义,使它变得极其难得。或许你一直都知道你在某些领域有着独特的能力。或许你对人与事有强大准确的直觉能力,或许你能敏锐地观察其他人,从而收集到周围人非常多的感官信息,但你从不觉得这些能力是天赋。

我们所处的世界崇尚理性的"头脑"智力。人们更重视这种智力,而不是"人"的智慧,或者说更无形的、以心为本的智慧,比如高超的同理心能力、正义、道德敏感性、反思意识、自知之明以及个人成长的动力。

本章,我们将探讨情绪敏感和天赋异禀之间的联系,你的敏感性和知觉力本身就是天赋。

从未探讨过的天赋异禀

对天赋异禀的探索要追溯到19世纪，起源于心理学及哲学领域对个体智力差异的研究。在1972年之前，有一个，且只有这一个标准来衡量天赋异禀：智商。然而，研究人员很快就发现，这个标准存在局限性：IQ评估的是一个人的分析能力和言语能力，但是还有一大堆的技能都没有被评测，这些技能对一个人的生活来说很关键，包括实践知识和创造力。

20世纪80年代，心理学家开始为天赋异禀重新设计模型。弗朗索瓦·加涅（Françoys Gagné）是这一领域的先驱。在他的理论中，用"天赋异禀和才能的差异化模型"（the differentiated model of giftedness and talent，DMGT）区分了天赋异禀和才能，提出天赋异禀代表着天生的能力，而才能可以通过教育、引导和训练，系统化地发展出来。在他的书中，天赋，或者说天生的本领，被分成以下五类：智力、创造力、社会情感、感觉运动及"其他"（例如：感觉外知觉）(Gagné, 1985)。

大约在同一时期，哈佛大学的研究人员霍华德·加德纳（Howard Gardner，1983）指出"人的智慧"的重要性，比如，人际交往技能及反思能力。他用"多元智力"（multiple intelligences，MI）这个概念提请人们注意，在现有传统认可的智力之外，人还有更多的潜能。智力的其他形式包括：语言、逻辑–数理、音乐、空间识别、感觉运动、人际交往（人际智能）、内省（自我智能）、自然主义与存在主义。

对个体差异的研究以及对人的能力的理解在逐渐发展，现在"天赋"这个词不仅仅指智力。老师和家长也慢慢接受：优异的能力可以表现在各门学科中，比如数学、科学、语言艺术、运动等。

尽管智商的概念已经有所扩展，然而天赋异禀这个概念直到现在也很少指情绪上的天性优异。许多情绪天才都没有充分看见或者欣赏他们的内省天赋，因为社会并不欣赏。虽然他们的能力可以表现为深入的思考、深刻的共情，或者自省，但是并没有官方的标准来衡量这些。大多数的教育工作者都仅仅关注外在可见的可量化指标：重点放在排名、表现及总成绩上，学校里"有天赋"的孩子是那些取得好成绩或者赢得比赛、获得奖励的孩子。

孩子们被教育得要"头脑聪明"，但没有人明确教过他们要怎样发展"心的智慧"，也没有教科书、训练有素的导师或者教练来规训这些天赋。结果就是，那些情感上有天分的年轻人没有得到支持，常常独自挣扎。他们能感觉到自己和别人有一些不同，但没有老师或家长告诉他们为什么，也没有人教他们如何利用自己的能力。自然，很多孩子就慢慢认为自己有什么地方不对。令人遗憾的是，现有的模型主要采用外在表现来衡量一个人的才华，这存在极大的局限性，也会损害我们人类集体智力的发展。

为了拓宽视野，让我们来看一看情绪天赋异禀有哪些形式，以及为什么这是人类潜能的一个关键部分。

情绪天赋异禀的各种形式

同理心与知觉力上的天赋异禀

　　加德纳在他的"多元智力"模型中把"人际交往智力"描述为理解他人的各种品质的能力。人际交往能力突出的孩子，在很小的年纪就会表现出同理心、无私以及对周围人的关心。

　　这些有着高超同理心与知觉力的孩子感觉上及看起来要比同龄孩子更加成熟，因为他们能够敏锐地洞悉他人的痛苦并做出反应。他们或许会觉得自己要多负一些责任，如果没能缓解周围人的悲伤，他们会觉得非常内疚和无助。这种品质可能会让他们容易成为别人的知己，担任咨询师的角色，甚至是成为家庭中的拯救者。

　　由于具有高超的知觉力，所以可能只有他们能够看穿周围人假装的正常得体之态。他们感到孤独、沮丧或者失望，因为周围的成年人都太虚伪；或者，因为自己有这样的看法而感到内疚。

　　深刻的同理心及洞察他人内在状态的能力，也会让他们具有超出年龄的道德敏感性。这些孩子在思考全球性问题方面（比如公平与公正），会表现出优异的能力。如此强烈地意识到一些世界性问题，以及对他人强烈的感同身受，可能会让他们很脆弱，容易产生被淹没的感觉。另外，他们还必须面对成年人那些令人失望的反应。例如，他们想去帮助那些无家可归的可怜人，把自己的东西送给他们，但父母不愿意，这让他们很难理解。

内省力上的天赋异禀

除了高超的同理心和知觉力，加德纳还提出了另一种"人的智慧"，即内省智慧，指一个人的内省能力。一个人要获得成熟的自我感与高水平的内在智慧，内省的能力必不可少。内省的人能敏锐而准确地觉察自己，他们也比一般人更了解自己。加德纳把内省天赋描述为一个人持续不断，努力地朝着更加自主、整合或者自我实现的方向发展（Gardner，1983）。这种发展最终实现的目标就是"一个高度成熟的人，与别人充分分化的人"。

加德纳的描述类似于东布罗夫斯基的"正向非统整理论"（1966）。这两种理论都认为，内省及自我批判不是失调，而是成长所必备的工具。正是这种激烈的体验、审视及分析自己的方式，让天才们比一般人成长得更快。这些人，全身心地，持续体验到当下自我与理想自我之间痛苦的割裂；体验到这种鸿沟会激励他们采取一些积极的行动来促进自己精神心灵的成长。这种内在的力量常常也会导致过度刺激、冲突以及心理上的痛苦，这些常常被误认为是疾病。恰恰是这种能够承受痛苦的自我反省能力，会促使他们多元化发展，从而更加成熟。换句话说，他们的强烈情绪不是疾病，而是成长的动力。他们愿意也有勇气投入到这样一个持续的过程中，正是这一点让他们与众不同。

存在主义方面的天赋异禀

加德纳在他模型中的八种智力形式之外又提出了第九种智力：存在主义（Gardner，1995）。存在主义智慧的定义是"关注生命的终极议题"。这种智慧的核心是一个人有能力把自己与人类生存环境的存在主义特征联系在一起，思考诸如此类的问题：生命的意义何在？死亡是怎么回事？精神与物质世界的终极命运是什么？爱一个人，或者沉浸在艺术作品中是什么样的体验？（Gardner，1999）

一个拥有高水平存在主义智慧的人会常常问一些大问题，比如："我是谁？""什么是合乎道德的，什么又不是？""人类将走向何方？"或者"生命有意义吗？"除了一些世俗的角色：哲学家、作家、艺术家、科学家，或者其他能够把一些宏大、复杂的问题纳入自己职业中的角色，他们的天赋异禀或许在成为领袖或者心灵工作者（布道者、神学家、牧师或者瑜伽修行者）时展示得更清楚。

当你还是个孩子时，这种存在主义的天赋或许会让你吃苦头，你没法与周围的人和谐融洽，他们都没法理解你的所思所想，可能会指责你。你关于生命的问题太深刻，老师和家长可能都回答不了。

在存在主义方面有天赋的人更容易体验到高度的存在焦虑。明白生命有限，自己的潜能也有限，他们常常感到必须要不断前进。这种感受有时候表现为强烈的创作冲动，但也常常让他们坐立难安，焦虑，感到不安全。

在存在主义方面有天赋的人是理想主义者，因为他们总是在考虑事情的无限可能。他们总在寻求与比他们自身更伟大的东西产生联结，总是在追问人生的责任、机遇以及神秘性。看到世界资源越来越匮乏会让他们痛心。他们会挑战既有的价值观和传统，也不会放过周围世界的矛盾与荒谬之处。

不幸的是，尤其是在他们还年轻时，如果这些在存在主义方面有天赋的人试着把他们的所思所想与人分享，那么他们得到的不是冷漠就是贬低，或者敌意。很快，他们就明白了，大多数人只关心俗事；因此他们在内心深处感到孤独，最终他们会藏好自己的观点和感受，直到找到一个团体可以一起分享他们的人道主义忧虑，找到一个空间可以庆贺他们独特的兴趣和价值观。

灵性上的天赋异禀

这一维度通常会被忽略掉，因为长久以来，我们所处的社会都只看重那些具体的可测量的东西。虽然我们每个人都有能力，也都能够进行灵性觉醒的练习，但灵性上有天赋的人，从很小的时候起，就显示出对超个人领域有独特的敏感性与开放性。灵性可以和有组织的宗教没有任何瓜葛，而只是代表着一种与世界上万事万物直接的联结，以及一种超越的感受。

研究者爱德华·罗宾逊（Edward Robinson，1983）与爱德华·霍夫曼（Edward Hoffman，1992）广泛研究了灵性上天赋异禀的人。深入访谈了几百个人之后，他们得出了结论：灵性上天赋异禀的人并不是超越了一般人，实际上，他们有一种天生的能力，能够感受到灵性体验。有这种能力的人能够看见更大的画面，能超越具体的字面意义而在象征层面感受事物。他们也能感受到自己和宇宙之间的联结（Piechowski，2001）。

灵性层面的交流可以有多种表现形式。可以是感受到身体上的明显变化，感觉到自身之外的力量灌注在自己身上，强烈感受到"与一切生灵一起脉动的能量"（Piechowski，2006），或者感觉到与宇宙和谐一致。灵性上有天赋的人经历的灵性体验涉及以下几个主题：统一、一体、狂喜、永恒，以及与万物相互联结（Piechowski，2006；Lovecky，1998）。

灵性上天赋异禀的儿童常常有能力通过冥想或者幻想游戏而引发意识增强状态，显示出一些超越年龄的智慧，感到与周围世界、内在的自我、他人及上帝紧密联结在一起（不管他们心中的"上帝"是什么样）（Piechowski，2006）。令人遗憾的是，灵性的能力给这些灵性上天赋异禀的儿童带来的更多是困扰而不是喜悦。通常，当这些儿童告诉成年人他们在灵性方面的一些强烈的想法时，成年人会告诉他们有这样的"想法"是不对的。然后受到打击的孩子就被引导着贬低他们的体验、直觉和感知觉。最糟糕的情形是他们认为自己"疯了"，并且内化了强烈的羞耻感，这些感觉一直伴随他们直到成年。

很多这样的人并未真正意识到自己的灵性倾向。然而，他们会着迷于超体验，更愿意在生活中追寻这种体验，而不是沉溺于平凡俗世。他们会追寻那些令人充满敬畏的时刻，或者对于大自然的鬼斧神工深感赞叹，他们似乎有能力运用灵性智慧解决问题，并且自然而然就能心怀感恩、宽恕与慈悲，遵行德行。即便他们不把它命名为灵性倾向，但正是这种能力，能够比他人更容易进入这些状态的能力，成就了他们的灵性天赋。

天才的人格特质

经过几十年的研究及辩论，学者们最终达成一致：天赋异禀这个概念最好被定义为"发展上的异步"，即一个人的内心体验与觉察异于常人。不同步的发展可以是创造力也可以是智力，当然也包括感知觉与敏感性方面的特殊能力。安娜玛丽·勒佩尔（Annemarie Roeper）是这个领域的专家，她帮忙把各种理论整理在一起，也提出了自己的想法："天赋异禀是指比一般人更有觉察力，更敏感，更有理解力，能够把感知觉转化成智力及情绪上的体验"（Roeper，1982）。

根据门萨（America Mensa Ltd.，2017）的说法，天赋优异的人具有下列品质：

- ◀ 独一无二的感知觉和觉察力
- ◀ 幽默感及超常的创造力
- ◀ 直觉
- ◀ 洞察力
- ◀ 持久的好奇心
- ◀ 强劲的创造动力
- ◀ 高度敏感，能敏锐地觉察到事情的复杂性及因果关系，以及其他人的期待
- ◀ 易激动
- ◀ 可一直保持旺盛的精力
- ◀ 可定期激活的神经系统

许多天赋优异的人在很多方面都很有能力，被称为是"多项潜能者"。他们常常能快速地从一种想法转换到另一种，而这常被人误解为态度不明朗。

他们是理想主义者：坚持节操，对社会改革兴趣浓厚。

他们是完美主义者：可能会严厉地批评自我，难以忍受错误，很难称赏自己的成就和贡献。

他们对自由与自主感有很高的要求。虽然也渴望成为群体的一员，但他们还是要按照自己的价值观生活。这意味着他们中很多人常常体验到坚持真实与保持传统人际关系之间的冲突。

最后还有一点很重要，天赋异禀的人对于让世界更美好有强烈的道义担当。看到不公正的现象他们会大声疾呼，对于人类社会中的不平等深感沮丧。

从本质上来说，天赋异禀更多是关于你是谁，而不是你做了什么。并不由外在的成功或者成就来衡量。事实上有时候，天赋异禀相关的某些特质会阻碍一个人获得外部的成功。例如，一个情绪上敏感又有天赋的儿童可能无法集中于学业，因为与同龄人之间的冲突，或者对父母可能会离婚的担忧，让他太过黯然神伤。他们或许会对阅读更感兴趣，总想为人道主义问题寻找答案，或者总想帮助别人。这样的儿童不会按照常规方式展示他们的天赋，但并不能说他们就不是天赋异禀的人。

长大之后，天赋异禀的人也会面临挑战，因为其他人可能不一定能理解他们的独特需要。玛丽–伊莱恩·雅各布森（Mary-

Elaine Jacobsen，2000）博士总结了天赋异禀的人可能会遇到的几种主要的批评：

◀ "你为什么不能慢下来？"
◀ "你什么都担心！"
◀ "你太敏感太戏剧化了！"
◀ "你太逼迫自己了！"
◀ "你以为你是谁？"

过度可激发性

要理解天赋异禀，我们就不得不来聊一聊过度可激发性（over-excitability，OE）这个概念。"过度可激发性"这个词的词根是一个波兰语单词，其字面意思是"极度的可被刺激性"（superstimulatability）（Daniels and Piechowski，2009）。它代表范围更广的觉察，以及能对各种类型的刺激做出反应的高超能力。OE是天生的，在婴儿期就可以被观察到。情绪强烈及敏感往往是情绪OE的直接表现，但天赋异禀的人通常不仅仅体验到情绪OE，还有其他类型的OE。

情绪OE

这种OE最接近我们的主题。情绪OE表现为各种复杂情绪都很极端、同理心极强，以及对他人的感受会强烈认同，还有情绪的表达强烈而充满激情。通常是父母最先注意到儿童身上的情绪 OE。这样的儿童似乎异常富有洞察力及感知力，这些能力通常超越他们的年龄。驾驭不好，就可能表现为精神疾病，比如存在抑郁和惊恐发作。其他的表现还包括一些身体上的反应，如胃痛、脸红等，或者一些心理症状，比如对死亡的忧虑以及抑郁。

情绪上过度可激发的人在建立深入的关系方面能力显著；他们对人、地方以及事物有着强烈的情感依恋（Piechowski，1997）。这些情绪 OE 极其强烈的人能敏锐地觉察自己的感受，以及感受是如何升起、如何变化的，常常会在心里和自己对话，对自己进行审判。情绪 OE 高的人有时会被人批评为"反应过度"，他们强烈的情绪也会被误解为是情绪不成熟的表现。他们对其他人的慈悲与关怀，他们对关系的看重，以及强烈的感受也可能干扰日常工作，阻碍他们在生活中做出成绩（Piechowski and Colangelo，1984）。

研究人员越来越清楚，智力本身并不能保证一个人更成熟或者更自我实现：还必须具备"一定力度"的情绪强烈度（Silverman，1993）。

智力 OE

有天赋的人更愿意追求对真理的理解而不是学业成绩。他们寻找解决方案，发现自己很难放过任何一个问题。有时候他们的可激发性会表现为喜欢激烈的讨论和争辩、多元的知识兴趣、常常抱怨无聊（Clark and Zimmerman，1992；Freed，1990；Lovecky，

1998；Piechowski，2006）。

精神运动 OE

精神运动 OE 指神经肌肉系统的高度可激发性。包括单纯热爱运动本身；精力过剩，需要通过速度、激情，以及保持动感与活力的能力来展示自己（Falk et al.，1999）。

感觉 OE

在对天才人士的研究中常常忽略感觉 OE。感觉 OE 指对感觉刺激的增强性反应。有着高感觉 OE 的人常被感官愉悦与审美吸引，想要获得别人对自己体态的欣赏。有感觉 OE 特质的天才可以培养出对美食、华服的独特品位，对特定的气味欣喜若狂，对美食总是念念不忘，对美好的事物反应强烈。另外，强烈的感觉 OE 也可能表现在对噪声、气味强烈的厌恶，或者容易过敏（Silverman，1993）。

想象力 OE

想象力 OE 表现为一个人可以在脑海中、梦中、幻想中以及创造发明中有生动的想象。想象力 OE 很高的人有着非凡的可视化能力：他们的梦五彩斑斓，他们常常独出心裁，还热爱诗歌、戏剧、音乐与艺术。他们有时候觉得很难用语言表达自己的思想，因为其中有很多的想象和比喻。天才儿童常常会有想象中的朋友（Piechowski，2006；Roeper，2007），大多藏身于他们的想象世界中，他们借此来应对现实生活中的苦恼。

重新看待你的天赋异禀

回顾了以上的理论和描述,我希望你能够重新思考天赋异禀的含义。

你觉得自己也有一些上述天赋和特质吗?分析一下你的人生历程,你有没有展示出一些天赋异禀的特征呢,尤其是在人际智慧或内省智慧这些方面?

天赋异禀不仅仅指智商及智力能力。天赋异禀并不一定代表着你比别人优秀,或许仅仅意味着你与别人不同。重要的是,为了能够真实地生活,你要承认自己天赋异禀,当你发现你自我表达的方式异于常人或者你有非常独特的需要而其他人没有也不能理解时,不要自责不已。

你可能觉得自己并不算是一个天赋异禀的人,因为社会的刻板印象认为天赋异禀者一定在某些方面优于常人。其实并不是这样的;拥抱自己的天赋并不是自大,而是你要与自己的能力、价值观,以及自己在这个世界上的位置保持一致。

第 4 章

情绪强烈与心理健康

什么是正常

对于什么是正常,社会有特定的标准。

在通常情况下,对于那些不能符合正常标准的人身上所具有的特征,研究人员要么不太注意,要么更糟糕,认为它们是病理性的。甚至在心理学界,也只有东布罗夫斯基的情绪发展理论承认那些体验到强烈情绪的人身上的天赋。然而,随着技术与医学的发展,越来越多的学者与科学家开始承认"神经多样性"这一事实。神经多样性这个概念认为我们人作为一个物种,其心灵和大脑的构造方式简直有无限种可能,"正常人"或者"健康人"的概念只是一种社会建构。

情绪强烈的人拥有的能力及具备的特质不同于具有"典型神经系统"的人。从这个意义上讲,他们不符合社会标准所谓的

"正常"。作为一个情绪强烈的人，你体验到的生活可能与周围人不同，人们很容易就会误解你。例如，你可能发现自己很难遵守某种社会习俗或者标准程序，特别是当你觉得它们毫无意义时，而其他人却认为你是在造反或者叛逆。在一个传统机构里，你的求知欲和好奇心可能不受欢迎。兴趣爱好五花八门可能会让别人认为你不能专注，或者没有组织计划性。你天生有能力收集信息并发现各种可能性，但这或许会让你没有耐心面对事物的本来面目；你有能力批判性地思考自己及他人，但这可能会让你显得不能容人。由于这些特质，你被贴上"太过了"，或者"想得太多"的标签。然而，在别人看来神经质或者过激的一些事情，对你来说或许是很自然的事。就像我们在前几章中看到的，一个为大家所接受的事实就是：天赋异禀的人在情绪、想象力、智力、感觉及精神运动等方面的可激发性要高于正常水平。或许并不是你太"敏感"，或者"太过了"，而是在心理速率与复杂性方面，世界需要跟上你们这些幸运儿的马力，与你们的体验同步。

由于大多数的人，包括一些精神健康领域的从业者，对于情绪敏感和强烈，缺乏准确的信息并缺少了解，那些极有创造力、超前且独立的思想者常常被贴上错误的标签，被错误诊断。你的强烈感受会被误解为双相情感障碍，极端且强烈的情绪波动，再加上关系中经常遇到的困难以及你强烈的情绪反应，可能看起来像是边缘型人格障碍。我们要知道，不是所有的有强烈情绪体验的人都有精神障碍，而只有僵化、缺乏弹性才能构成疾病，这一点很重要。而且，在精神科，一种"诊断"仅仅代表这一组症状集合，表明一个人有内心冲突与疾病。两种障碍之间真正的区别是什么，实际上还不是很清晰。基于这种武断的诊断分类，临床工作者就可以仅凭着标准化框架来做研究或者开处方。在某些国家和地区，它们的作用是服务于医疗保险业。这种占主导地位的医疗模式很有局限性，会使我们忽略某些可能性，比如，心理困扰的出现或许仅仅是因为我们没有尊重个体独一无二的存在。

为了进一步搞清楚心理困扰与情绪强烈之间的关系，我们来看看一个最常被用在情绪紧张的人身上的诊断（误诊）：情绪不稳人格障碍（emotionally unstable personality disorder，EUPD），它更为人熟知的名字叫：边缘型人格障碍（borderline personality disorder，BPD）。

边缘型人格障碍与同理心

BPD虽然是一种"人格障碍"，但它反映出一个人不但人格有缺陷，而且管理情绪的能力有限。这种障碍通常起自青春期或成年早期，表现为在不稳定的关系中，情绪反应非常极端。BPD的人也可能会体验到频繁的情绪波动，或者一种慢性的内在空虚感，他们可能会采取一些冲动性自我安慰行为来应对自己的情绪困扰。对BPD的研究还在进行，但有一个共识，遗传和环境两方面的影响构成其病因。

人们渐渐认识到，许多被诊断为BPD的人天生就高度敏感并且知觉力非凡。之前被认为是基因性脆弱的部分，实际上或许是一种卓越的能力。研究发现，BPD 的人似乎具有一种神秘的敏感性，能够感受到他人的下意识心理内容：想法、感受，甚至身体感觉。他们似乎还拥有一种能感染别人的才能（Park et al., 1992）。研究还发现，与非 BPD 的人相比，BPD 的人显示出对非言语信号的高度敏感（Domes, Schulze and Herpertz, 2009）。比如，有一个著名的研究就在观察，看到人的眼睛的照片时，BPD 的人有什么样的反应，对照组是非 BPD 的人。结果发现，BPD 组更能正确猜中这些眼睛表达的情绪，说明他们对于他人的心理状态有着高超的敏感度（New et al., 2012）。

虽然 BPD 与同理心之间的关联仍然是有争议的，但许多 BPD 的人也有"读心人"的特质，或者能高度共情他人。读心人对他人、动物或者地方的情绪与能量极度敏感（Orloff, 2017）。心理学家发现，同理心水平高的人对社交场合的暗示信息较其他人更有反应（Eisenberg and Miller, 1987），更能识别他人的情绪，更易体验到"共情性悲伤"，即悲悯心过度使用或者耗竭（Chikovani et al., 2015）。尽管有着高超的共情能力，但 BPD 的人还是难以驾驭社交场合及人际关系。缺乏调节情绪的能力，也不会处理关系中的依恋，结果高度敏感带给他们的是情绪风暴与心境不稳（Fonagy, Luyten and Strathearn, 2011）。BPD 的人虽然有读懂他人的天赋，但他们或许容易被悲伤的情境触发，总是害怕被抛弃、被拒绝

（Fertuck et al.，2009）。这种现象被称为是"边缘人同理心悖论"（Franzen et al.，2011）。

情绪敏感与精神疾病之间的关系

情绪上有天赋与精神疾病之间的关系相当复杂。在某些情况下，高超的同理心是一个人经历了创伤性的、动荡不安的童年期，长大后的结果。许多 BPD 的人都曾经在童年期经历过虐待、忽视，或者与最初的照料者长期的分离。有些研究表明，大部分有这种障碍的人都报告曾经被虐待过（Zanarini，1997）。为了应对虐待与忽视，这些儿童学会了"提升"他们的同理心功能来保护自己。他们被环境训练得有能力高度同调于他们所依赖的周围大人的潜意识暗示，这样他们就能做些准备，应对大人们不可预测的行为。

然而，仅有环境因素不足以解释精神障碍的发生。有时候，生长在同一个家庭里的兄弟姐妹，受到的影响并不总是一样。因此，我们必须考虑生物学以及先天气质因素，看看哪些会影响人对创伤情境的反应。心理学家博克安（Bockian）和维拉格兰（Vilagran，2011）认为，"一个人如果脾气平和、被动、退缩、冷淡，那么几乎不可能发展出边缘型人格障碍。"儿童心理学家也发现，有这么一小部分儿童，他们对于社交环境非常敏感，他们这种发展上及情绪上的成果主要源自童年早期的成长条件（Tschann et al.，1996）。如果早期经历创伤，那么这一部分儿童有发展出精神疾病的风险。

换句话说，难以调节情绪并不是天生情绪强烈的直接后果，而是以下两种因素相结合导致的：

1. 天生高度敏感，有知觉天赋。
2. 童年生活在一个有缺陷的环境中，情绪上的需要无法得到满足。

在一个适宜的"刚刚好"的环境中，情绪天生敏感、强烈的儿童不会有严重的情绪困扰。然而，如果最初的照料者没有能力让自己同调于这些孩子，或者甚至对这些知觉力非凡的孩子感到厌恶或者觉得受到威胁，那么，他们的虐待和忽视会阻碍孩子的健康成长。依恋理论告诉我们，儿童会尽其所能在心中维护父母的好形象，因为在那么小的年纪，他们没办法认为自己所依赖的人是"坏的"（Winnicott，1960）。因此，即便他们的父母不好、虐待或者忽视他们，儿童也会自然而然地责怪自己。

有研究发现，对未成年人直觉性的知觉能力持续给予负性反馈是最具伤害力的行为（Park et al.，1992）。如果父母明显地或者隐晦地反对儿童的某些个人特质，儿童会内化这种因被拒绝而产生的羞耻感，他们会感到自己坏得不可救药（有害的羞耻感），他们在知觉力方面的天赋会被负性偏见及投射劫持。如果没有一个环境可供他们学着订立健康边界、体验安全依恋，他们就没有机会学习如何安抚自己，如何调节情绪。甚至长大之后，他们还会一直生活在担心被抛弃、背叛、拒绝的恐惧中，内心深处的空虚感也挥之不去。

有时候，即便心是好的，情绪强烈的儿童和他们的父母也认识不到或者无法相信他们是有天赋的人，因此无法意识到他们的过度可激发性产生的影响。当儿童在生活中常常感到格格不入却不知道为什么时，他们会很快得出结论：一定是自己哪里出问题了，这会导致一个抑郁的恶性循环形成，最终发展成真实的临床障碍。

> 我们不是要否定所有心理健康诊断的有效性，也不是要否定恰当的心理治疗对严重心理创伤患者的重要意义。然而，找一找你痛苦的根源很重要：通常，它可能反映着你的某些自然倾向，只是因为你被误解了，而并非代表着你有缺陷。我们一定要多加小心，不要强化任何围绕着强烈情绪的狭隘分类、诊断以及羞耻感。

即便你努力想要管理自己的情绪及有害的羞耻感，我也希望你能重新审视你的生命乐章：你的纠结不是错，你童年的生活环境不能给你足够的支持，你背负的羞耻感是在那个环境中很自然的反应。掌握了正确的知识和技能，你就能学会驾驭生命的跌宕起伏，既保有你的激情，同时不失平静。你的心灵总是想要朝着痊愈及完整的方向前进。即便曾经受过伤，一旦你能够重新认识并信任你天性中的好，重建与整合自然就会开始。

历史虽然不可更改，但你可以改写你讲给自己的故事。你绝不是"糟糕的"或者"太过了"。你是一个敏感的、颇有直觉力的、有天赋的人，只不过或许在童年期缺乏正确的养育。你高度的觉察力，对细微之处的敏锐不但罕见，而且非常宝贵。如果你仔细倾听内在的理性与真理之声（这个声音或许在某些时候会变得微弱，但它一直都在说，你不是从根儿上就错了），你就可以努力去解放自己，重新找回你身上被遗忘已久的天赋。

第二部分

情绪强烈的复杂性

在第二部分，我们将探讨情绪强烈通常会带来哪些问题。一个人如果总是被人感觉"太过了"，那么他感受的痛苦不容小觑。许多情绪强烈的成年人一辈子都觉得自己有什么地方不对，总觉得孤独、不被理解。在很小的年纪就有着异常深刻的情绪体验，他们长大之后会感觉自己和别人不一样，也的确不一样。作为一个情绪强烈的人，你的知觉力和同理心天赋可能让早年的养育者不太容易关心到你，不太容易去培养你独特的品质，尽管他们的心是好的。在第5章，我们会看到，由于父母自己的脆弱或者在智力和情绪上的能力有限，无法为孩子的童年提供足够的支持，孩子会出现怎样的情形。作为小众分子，面临着要像其他人看齐的压力，你或许会感到内心的冲突，甚至会因为自己的与众不同感到内疚。或许你一生都被两种相反的愿望撕扯：被接受的愿望，以及表达真实自我的愿望。在第 6 章，我们会来讨论这个经久不息的挣扎，即"坚持真理与从众"。我们会讨论与众人不同意味着什么，以及若要充分地做自己，敏感、强烈、热情的自己，同时还在这个世界上找到归属感与安全感，会面临什么样的挑战。在第 7 章，我们会看一看，作为一个情绪强烈的人，你会面临哪些情绪上的困难，比如，遭受有害的羞耻感的暴击，感到失控，有时候又相反，感到麻木。

第 5 章

家庭环境

无形的伤口

孩子都会有一些不可否认的身体或心理需求。他们有权利得到安全、保护，不受伤害，有权利得到爱与关注，有权利自由自在、开心玩闹，有权利让自己的需求被听到、被识别，有权利得到恰当的监护、规训、引导。除了这些基本需要，情绪上有天赋的孩子还面临独特的挑战，比如，在情绪的敏感性及情绪调节方面，需要得到更深层次的理解。

敏感的孩子在发育上的差异通常在不到 18 个月大的时候就能被明显观察到。从前语言期这么小的时候开始，他们就能感到自己体验世界的方式与家人有着本质的不同。他们可能总是感觉自己就像是火星人来到地球，这种与他们所依赖的人（比如父母）之间没有"共同现实"的感受可能会让他们非常不安、害怕。还有，由于天生知觉力敏锐，他们能更准确地觉知到发生在他们身上及身边的事，也会做出更激烈的反应，这些可能会进一步恶化童年苦难的影响。

养育一个敏感又有天赋的孩子会得到极大的回报，但这需要父母的心智高度成熟，有觉察力。令人遗憾的是，并不是所有的父母都具备这些素质。实际上，很多敏感孩子的父母并不是有意要虐待或剥削孩子，是其自身的冲突或者局限性使得他们不能够履行职责。对某些敏感的孩子来说，他们的天赋不被欣赏，甚至被当作威胁或者某种疾病的征兆。对于其他敏感的孩子来说，他们的父母只是没有能力理解他们的特殊性，或者无法满足他们的独特需求。

童年期的伤害不一定是身体上的。在我们的社会中，人们很清楚对孩子身体上的忽视有多可怕，但不适当或者不充分的养育带给孩子的情绪痛苦鲜为人知。心理损伤可能通过各种各样非常微妙而无形的方式产生：可能是照料者的无知无觉；照料者微妙的贬低、忽视；照料者准许同胞间的恶意竞争；过度控制，限制孩子的自由与独立等。在外人眼里，这些父母或许已经达到社会的基本养育要求，比如满足孩子穿衣、吃饭、上学等需求，但对这些孩子来说，外人无法了解他们身上真正发生了什么，那些无形的损害更可能是心理上的。在某些家庭里，成员甚至必须要维持幸福家庭的假象来"保全面子"或者维护家庭声誉。如果你的父母及社会都在说你是被爱着的，你却感受不到爱，这种矛盾或许会给你带来极大的混乱，或者深深的内疚，怪罪自己没能感受到"应该感受到的"爱。

如果你的父母很脆弱，那么这个问题会变得更复杂。或许他们并不是存心要虐待或者忽视你，而是受到自己生活中的创伤或者不幸的影响。作为一个敏感的孩子，你很可能既有着超高的敏感性，还在同情心方面颇有天赋，也有着超出年龄的成熟，你或许感到自己要保护父母。当你看到他们如此脆弱时，你自然而然地就会站在护卫他们的位置上。然而，这种保护本能让你无法知晓真相，认识不到你的童年缺失了什么。你可能会不愿提及这些情形，害怕这会伤害脆弱的父母或者养育者。或许一旦有人提到这些问题，你就立刻跳出来维护父母，说他们已经尽力做到最好了，他们并无恶意。

当然，不是所有敏感、有情绪天赋的孩子都没有得到足够好的养育，我们在这里也不是要批评或者责怪父母。很可能他们已经尽力在运用他们的知识、资源以及能力了。但父母不充分的支持养育给孩子带来的影响既不能被置之不理，也不会自动消失。因为大量的心理层面的后果会在随后几年不可避免地爆发。本章可能有些晦涩难懂，但它会帮助我们理解情绪需要没有得到满足会有什么样的影响。关键是，我们不要落入简单化或者线性思维的窠臼，只是对此一味抱怨或者责怪，而应把这视为一个接近自我及内在真相的机会，为新的洞见留一片天空，帮自己疗伤和成长。

情绪敏感的孩子受到的无形伤害都有哪些形式

"尽管他们不是故意的，但这并不意味着伤害不存在。"

情绪受损及发育过程受损,这些伤口并不是单一创伤事件所造成的,而是创伤性模式或者家庭功能失调所造成的。下面是一些情绪敏感、强烈或者有天赋的孩子通常会遭受心理伤害的家庭模式。

角色颠倒

在理解"自体感"方面堪称专家的心理学家海因茨·科胡特(Heinz Kohut, 2009)指出:孩子要成长发育的话,某些需求必须得到满足。其中一步就是孩子在成长发育过程中必须要"理想化"自己的父母。至少要有一段时间,孩子一定要相信自己的父母是强有力的、无所不知的,以及情绪稳定的人,父母可以依靠。孩子只有通过仰视及钦佩周围他觉得强有力的成年人,才能内化一种力量感,学着在这个复杂多变的世界上找到自己的道路。然而,如果孩子的养育者不在身边,或者养育者脆弱、行为古怪,那么孩子可能没有机会去"理想化"他们。

心理学研究发现,在面临生活中的挑战时,内化了强有力父母形象的人能够安抚自己,而那些内心没有可靠父母形象的人容易受创,容易长时间地体验到负性情绪(Kerns, 2007)。当然,没有父母是全知全能或者随叫随到的:不在孩子身边或者令孩子失望不可避免会发生。胜任的父母与不胜任的父母之间的区别在于:是否足够稳定,至少是一定程度的稳定,能抵抗他们自己遇到的压力。你的父母有没有一个稳定的支持性关系网,是否具备内在的力量,使他们不必从你这里寻求支持?他们有没有展示出至少一定程度的心理弹性，能够从生命的挫折中恢复？还是说，他们会时不时让自己的情绪崩溃，而你觉得自己必须要做一个拯救者？

心理学家爱丽丝·米勒（Alice Miller）在她的著作《天才儿童的悲剧》(*The Drama of Being a Child*)中，描述了在某些情况下，父母用孩子来满足自己童年期没得到满足的需求，是如何导致孩子"亲职化"的。这些父母不仅不恰当地依赖他们有同理心天赋的孩子来提供心理及情绪上的支持，还把孩子无条件的爱当作他们的庇护所。这样就让孩子处于一个艰难的境地：必须要为父母的幸福快乐负责。

当父母情绪不稳定，无法掌控家庭生活时，通常他们有情感天赋的孩子会越位扮演照料者的角色。这种在亲子关系中的角色颠倒就是众所周知的孩子"亲职化"。亲职化可以是孩子负责一些实际的具体事务，比如购买日常用品、照顾弟弟妹妹等，但更多的是满足家庭成员的情感需要，比如做一个陪伴者、冲突调解者，以及提供支持与抚慰。在某些情况下，或许家庭的完整全靠孩子的直觉天赋及天生的人际智慧来维系。这些重担本该完全属于成年人的责任范围，却压在孩子身上，迫使孩子不得不过快、过早地成熟。在某种程度上，孩子既是自己的父母，也是父母的父母，没有人可供他仰视，给他指导，或者做他学习的榜样。无人保护，无人监管，世界在孩子眼里或许是一个令人害怕的地方。

亲职化的结果就是，他学会了减少并压抑自己的需要，为别人留出更多的空间，损害自己的自由与成长。他的精力都用来做他人的知心者，可能会错失那些本属于自己的时光。他也应该有时间去自由自在地玩耍和犯错，只关注自己的成长与学习，而无须顾及其他。

替罪羊

如果把你从小到大的家庭生活搬上舞台，你会不会事先被分配好了一个"固定角色"？比如，你是"负责任的人""最有出息的姑娘"，或者是"最情绪化的人""最奇怪的人"，还是"替罪羊"？

系统式家庭治疗学派的理论家采用"被指认的病人"（identified patient）（Minuchin et al.，1975）这一术语，来描述在关系不健康的家庭中担任替罪羊的那个成员。在所有的童年伤害中，被当作替罪羊是最为隐蔽的一种。通常，把家庭中的所有不幸都归咎于一个人，是某些家庭成员为了逃避他们自己的情绪痛苦而采取的一种潜意识策略。

替罪羊角色的指派不是偶然的。它常常会被强加于天生敏感及有着高超同理心的孩子身上，因为这些孩子通常是家里的"揭秘者"，他们能看穿并指出假象。家庭成员要"发泄"他们的不满，因此这样的孩子就会承担家庭中所有的焦虑以及被压抑的负性情绪。

这种模式一旦固定下来，整个家庭会不遗余力地维持其背后的动力，替罪羊必须一贯地当替罪羊，否则，其他人就不得不面对自己的脆弱。也就是说，如果替罪羊试图远离这种有毒的动力性模式，就会遭遇微妙的，甚至是明显的情绪报复、操纵或者勒索。

如果有下列迹象出现，表明你已经成为家里的替罪羊：

◀ 你的父母把你和你的兄弟姐妹区别对待。
◀ 你犯了错误会被夸大或者受到过度的惩罚。
◀ 当你被别人欺负时，你父母不管不问。
◀ 你在家里总是"格格不入"，你和其他家人之间联系也不紧密。
◀ 当你茁壮成长，变得更强大、更独立时，你觉得家人总想打压你，或者破坏你的成就。
◀ 你的兄弟姐妹欺负你，或者他们"开玩笑地"嘲讽你的特质。
◀ 人身攻击：你总是那个"奇怪的家伙""怪异的家伙"，或者"大麻烦"。
◀ 你的家人不能透过表象看见真实的你，他们对此也不感兴趣。
◀ 你因为自己的天生特质而备受责难，比如你的艺术气质或者敏感的天性。

当上述情况发生时，并不一定意味着你的家人不爱你，或者他们故意想要伤害你。而是，他们需要给你贴上标签，这通常是由于他们自己太脆弱,以及害怕自己不合格。

孩子会从父母的反馈之中自然而然地发现自己的身份认同。如果你的父母总是把你当作"该内疚的人"或者"该负责任的人"来对待,你可能会发现在你后来的人生中,你很难动摇这一"身份认同"。甚至当你最终摆脱了这种破坏性的家庭动力影响时,你可能仍然在情绪上或者心理上无法摆脱扮演这种角色所带来的余波。由于早年在家庭中经历过背信弃义,长大成人之后,你或许难以在人际关系中感觉到安全。你或许在理智上清楚,你家庭中的问题并不是因你而起,但是要撼动已经内化的羞耻感,你需要情绪上的深刻疗愈。

追溯到最初替罪羊时刻的疗愈之旅对你来说可能会是个挑战,你可能会经历否认、愤怒的曲曲折折,最终获得自由与释放。然而,你必须明白,混乱的始作俑者不是你,而是你的家庭中被压抑的愤怒与失望,绝不应该由作为孩子的你来负责解决所有事情。一旦你放下这些,从真正看见你并珍视你本来面目的人那里重新认知自己,你就会开始过上一种生机勃勃且实实在在属于你的生活。

情感发育不良的父母

研究发现,孩子的情感发育是否健康,在很大程度上取决于照料者是否温暖、是否有回应,以及是否有情感。父母只是在孩子身边是不够的:他们还必须通过反馈和联结,与孩子的情绪状态保持同调。

但是有时候，由于照料者本人未修复的创伤、丧亲之痛以及抑郁，他们情感发育不良或者情感很封闭。他们害怕情感，惧怕柔情，所以无法与他们情绪强烈的孩子产生情感联结。

想充分理解情感同调的重要性，你可以看一看 YouTube 上的短视频"静止脸试验"（still face experiment）。爱德华·特罗尼克（Edward Tronick）在 1975 年拍摄了这段视频，试验要求妈妈脸上不要有表情，对孩子想要和她互动的尝试不做回应。当孩子收不到任何情感回应时，孩子"立刻冷静下来，并且开始小心翼翼起来"，反复尝试着想要与妈妈互动，多次尝试都失败后，孩子退缩了，带着绝望的表情转身离开（Tronick，1975）。尽管这些动作都非常快，甚至几乎看不出来，但这个研究强有力地说明了父母持续的情感关注对孩子有多么大的影响。自这个研究开始，"静止脸试验"被彻底研究及不断重复，证明了父母无回应的影响是深刻而长久的。孩子天生是没有能力管理自己情绪的，而需要从给他情绪反馈的人那里学习这种技能。学不会这种技能，他们会一直停留在混乱感、羞耻感、恐惧感、无力感和绝望感里。

无须严重的虐待，只要没有人看见他们、听见他们的声音，就足以导致孩子心理上的损伤。你可能有衣穿、有饭吃、有学上，但是父母机械呆板的行为举止可能意味着你在情感层面上感觉不到爱。你无法获得父母在情感上的照看，他们或许也没有能力尊重你强烈的情绪及天生的激情。事实上，你的感受如此之深，可能会吓到他们。

● 拥抱你的敏感情绪

不被看见的孩子

孩子要发展出自我价值感,感到自己在这个世界上是重要的,首先需要父母来确认他们最基本的价值。这种需要被称为"镜映"(mirroring):孩子需要从父母那里得到证明,明里暗里都需要,证明他们是特殊的、被需要的、受欢迎的。镜映可以是明显的夸奖、赞许、承认及重视,更可以是一些微妙的线索:一个姿势、表情、语调,通常这些最能向孩子证明他是被爱着的。

没有父母能做到每时每刻都完美镜映,毕竟会有一些时刻,他们没办法待在孩子身边。这是人之常情,不是什么问题,如果这种失同调不是经常性发生,如果孩子没有被丢下太久的话。被充分镜映的孩子会从自己的记忆中汲取营养,内化从父母那里收到的正性信息,形成健康稳定的自体感。由于有足够良好的镜映体验,情绪健康的儿童不再需要从别人那里反复确认自己有多好。长大之后,他们会发展出稳定的自尊,相信自己从根本上是好的。然而,如果由于父母情感压抑或者总感到不安,孩子未能得到足够的镜映,那么孩子发展自体感的过程就会被打断。

对于情绪敏感、强烈的孩子来说,缺少父母的镜映与深度接纳尤其有害,他们已然体验到自己与同龄人是不一样的,所以更需要来自父母的积极支持。或许,你只有在做了符合父母价值观的事情,或者充当一个出色的照料者时,才能赢得父母的嘉许,而没有人会因你自身称赞你。如果你的父母只有在你符合他们的标准或者满足他们的愿望时才奖励你,却从不支持你成长为独特的自己，那么你可能会认为，真实的你是不被喜爱的，以致长大之后总是感到深深的无价值感和不安全感。

童年没有得到足够支持会导致的后果

在调节情绪、应对压力、控制冲动方面有困难

不用说，婴儿天生是不会控制自己的情绪、饥饿或者恐惧的。为了生长，孩子要从父母那里寻找温暖、舒服与亲密感。如果缺少这种情感上的支持，他们的生理系统会被激活，分泌皮质醇，即"应激激素"。如果长期处于这种状态，会给孩子的大脑发育造成负面影响。负责"执行功能"的那部分大脑（做计划、调节情绪及控制冲动）会受损。

如果你是个天生情绪紧张、容易激动的孩子，那么对你来说尤其重要的是你的父母能够示范并教你怎样识别身体需要，如何应对压力以及如何调节情绪。你需要父母给你空间去学习、成长、探索世界，同时还要教你如何遵守必要的纪律。少了这些情绪反馈和实践指导，你可能就不知道如何去生活，也可能继而发现你眼下正苦恼于情绪调节、愤怒管理、冲动控制等问题，或者罹患进食障碍。

低自尊

如果在孩提时代你没能内化一种深深地被爱和安全的感觉，那么眼下的你或许一直无法摆脱那种自己不够好的感觉，觉得自

己或许是令人厌恶的、丑的、笨的，或者有缺陷的。这也可能关联到一些内在的自动思维，比如："我什么都做不好""我可能从根儿上就坏掉了"，甚至是"我很坏，我有毒"。在一些极端情形中，低自尊会变成自我憎恨。

过度自我批评

没有得到足够支持的敏感孩子长大后常常对自己非常严厉。没有人是完美的，我们都会犯错，但是由于你在成长的过程中没有接收过这种理念，没人向你示范什么是温暖的原谅，你也无从内化，因此你可能时时保持警惕，不让生活中出现错误与失败。

孤独与绝望

假如小时候的你觉得在这个世界上自己"不被看见"、不受欢迎，那么你与自己、与他人之间建立联结的能力可能受到抑制。长大后的你可能感到深入骨髓的孤立，对于与人接触，既感到有强烈的需要，又感到极度的害怕。如果你感到没有人能与你内心深处的感觉相通，或者没有人能看见真正的你，那么最终你可能感到绝望。

感到不踏实、无力

与生命中的重要他人之间缺少真正的联结，这不仅会破坏你与自己的关系，还会破坏你与他人的关系。身体上，你可能总感到不踏实、心慌；心理上，你可能感到孤立、缺乏滋养、不安全，就像有一个被吓坏的孩子住在你成年的身体里。

对世界不信任，高度警惕

孩子早年的体验会强烈影响他们看待自己及周围世界的方式。如果你经历过角色颠倒，成了家里的"小大人儿"，就没有人是你可以依靠的。背负着过重的负担，你习惯于预测将要面对的威胁与压力，这会让你的神经系统总是处于唤起状态。你长期以来不能放松，觉得自己总是在提防着危险的发生，这可能意味着你现在正遭受着失眠、烦躁不安、神经质等一系列与焦虑有关的机能失调，或者正苦恼于自己的强迫倾向。

内在的空虚感

如果你的父母忽视你，或者没有情感上的回应，没能给你足够的镜映和同调来帮你发展自体感，那么你可能一直都不太确定你是谁，或者你与他人的边界在哪里。由于你从未真正地拥有属于自己的时间和空间，来发现自己想要什么、需要什么，来成长为真实的自己，所以你或许总会感到内在的空虚。

> 由于你所承受的忽视是如此之痛，你或许会采用解离的方式来应对（或许你也从情感解离的父母那里学到了这一策略）。解离可能包括与身体、情绪及他人失去联结。从外表看，你可能一切正常，但内心的死寂与麻木却总挥之不去。

长久的内疚与自我否定

被亲职化的孩子长大以后常常受困于内疚感,总是担心自己永远都做得"不够"。他们"没能"拯救自己的父母,"没能"消除父母的痛苦,这在他们心里变成一种有害的内疚感。他们可能过于以他人为中心,以至于损害自己的健康与幸福。

他们可能自我牺牲:他们倾听别人的心声,自己却从不倾诉;他们煞费苦心照顾别人,却牺牲自己的利益。他们或许会发展出过度的责任感,这会把他们置于危险之中:深陷于一段破坏性的关系中无法脱身,要去为他人的破坏性行为负责任。

📋 日记练习　家庭动力

让我们花一点时间来写篇日记。找一个安静的地方,重读一下上面列出的各种家庭动力,用心去感受。注意你的身体反应。其中的某几条拨动了你深埋的心弦吗?你的心是否想要从中解脱呢?

把你的情绪和身体反应写在日记中,或者找一本练习册记录下来。注意你感受到的自己、你的人际关系乃至整个世界是怎样受到你童年的影响的。

如果童年没有得到充分的养育,或者生活在有害的家庭动力中,回顾这些岁月的过程会很艰难,也会触发强烈的感受,心中想要抵抗这一过程也是自然而然、可以理解的。

更矛盾的是，你在回顾痛苦过往的时候，会发现自己缺失了这么多，这会激起更多的悲伤、愤怒与沮丧。虽然我们无法回到从前改变过去，但神经科学领域的最新研究发现，我们有希望从过去的缺失可能带来的影响中恢复。大脑具有持续可塑性，这也意味着具有滋养功能、健康的关系和正性体验可以治愈这些关系创伤。不管过去发生了什么，现在你都可以重新选择。勇敢去了解自己过去承受了怎样的剥夺之痛，你就能重新拥有属于自己的空间，为自己发声，找到自己在这个世界上的位置。

第 6 章

外部世界

木秀于林

作为一个情绪强烈的人,你的与众不同会带来一些麻烦,但这些麻烦与你的特质本身毫无关系,只是因为你是社会中的少数分子。在踏上探索真实自我的旅程之前,你必须弄明白,你的能力到底使你与众不同到什么程度。

大多数人来到这个世界上都会觉得宁静祥和,但你的先天气质让你异于常人。非常敏感意味着你常常听到、看到别人听不见、看不见的东西。毋庸多言,你一直木秀于林,有时候这也很痛苦。作为一个发育上快人一步的孩子,尤其是比别人更富有洞察力和觉知力,你可能会更脆弱。

知觉力方面有天赋的孩子通常对人际关系中及社交场合中的痛苦、虚伪与复杂,有异常敏锐的觉察。他们看到并注意到的一些事情超出他们的年龄。他们或许是唯一知晓家庭的表面正常之下掩藏着什么的人。然而，因为他们还未学会如何以及在什么时机把这些"不愿面对的真相"告诉周围人，所以有时候当他们指出真相时，父母还没准备好去听，因而会忽视、羞辱他们。即便长大之后，在这方面有天赋的人仍然苦恼于社交情境中看到的虚伪。他们可能会觉得自己必须要指出真相，或者觉得自己玩不了"这场游戏"。通常，他们高度的正直会威胁到团体现状。不幸的是，最终的结果就是其他人可能会感到威胁，所以有意无意就会采取一些行为，排挤这些有天赋的人。

知觉力超常的人就像煤矿中的金丝雀。过去，矿工们下矿作业时常常会带一只金丝雀，如果矿井中出现有毒气体，金丝雀就会萎靡不振，甚至死掉，这提示旷工有危险。许多有创造力的艺术家、在情感方面有天赋的人也一样，他们揭示的真理及先进思想，大多数人听了都会沮丧。人总是想要维持现状；投石激浪者就是在挑战现状，那些害怕未知的人会排斥他们。

嫉妒与围绕在天才周围的社会动力

影响情感天才的最阴险、最具破坏性的力量之一是嫉妒，尽管大家通常都不会承认自己嫉妒。然而，在我们的社会中：木秀于林，风必摧之。在我们集体潜意识的阴影中，有这样一种信念：

别人的成功会削弱自己的成功。嫉妒与羡慕虽然是人之常情，但当被付诸行动时，这种情感往往起到破坏性作用。

嫉妒作为一种情绪本身并不是坏的或者负性的。当某个人拥有了我们想要拥有的能力或者品质时，我们就会感到嫉妒，而"模仿式嫉妒"可以是建设性的，如果它指明我们的价值所在，并且推动我们去行动的话。

但是有害的嫉妒会造成干扰及损害。嫉妒也与羡慕不同。根据心理学家梅兰妮·克莱因（Melanie Klein）的研究，羡慕是一种更良性的愿望，希望自己具备某些品质或拥有某些东西，或者害怕自己拥有的东西被别人拿走（Klein, 1984）。然而有害的嫉妒是这样一种愿望：想要以一种最负面的方式破坏别人所拥有的东西。换句话说，有害的嫉妒不仅仅是气愤他人拥有并愉快地享受某种东西，还包括想要摧毁这种东西的冲动。

团体里如果弥漫着有害的嫉妒，那么最受影响的就是有情感天赋及情感强烈的成员；他们常常成为攻击与嘲笑的对象，有时明显有时隐蔽。在社交情境中，团体可能会齐心协力挖那些有天赋的人的墙脚，来平衡团体动力。就像詹姆斯·费尼莫尔·库珀（James Fenimore Cooper）说的，"民主倾向就是，凡事皆中庸"（Cooper, 1838）。

杰出者，那些木秀于林的人，会激起别人的嫉妒；这种现象是真实而普遍的，我们却很少谈及或者承认，或许我们认为，承认自己能"吸引嫉妒"在某种程度上是种自大。下列概念描述了杰出者周围通常会存在的社会动力（高罂粟综合征，tall poppy syndrome），有什么样的心理驱动力（桶中蟹心理，crab-in-the-bucket mentality),以及社会 – 文化层面有哪些表现（贾特定律，the law of Jante）。明白这些现象能够帮助你搞清楚自己正在经历什么，当你成为别人嫉妒与投射的接收器时就能够识别出来。

高罂粟综合征

高罂粟综合征这个术语描述了这样一种情境：一个团体里杰出的人被人憎恨、攻击、嘲讽。这个命名来自李维（Livy）的《罗马史》(*The History of Rome*，1884），书中讲了这样一个故事：塞克斯特斯（Sextus），暴君塔克文的儿子，在他父亲象征性地剪断了花园中长得比较高的罂粟花之后，处死了他的城堡里所有重要的人。这个术语已在英国、澳大利亚及新西兰广为人知，但它所描述的社交团体中人们的行为，是广泛适用的。

高罂粟综合征可能出现在学龄期的儿童群体中。2014 年的一个针对澳大利亚高水平年轻运动员的研究表明：所有的女性研究对象都受到过欺凌，从嘲弄、取笑、谩骂、孤立、指责议论、身体示威、八卦，到排斥（O'Neill, Calder and Allen，2014）。令人遗憾的是，很多父母及老师不愿保护或者培养有情感天赋的儿童，甚至许多知觉力异常敏锐的儿童还被没有天赋的老师欺凌。父母也可能会被自己孩子异乎寻常的能力及觉知力吓到，有时候会担心他们胜过其他兄弟姐妹。

桶中蟹心理

桶中蟹心理指的是一个人在竞争情境中可能表现出来一些像

● 拥抱你的敏感情绪

螃蟹一样的动物性行为。据说,如果一个桶里有两只螃蟹,那么哪一只也逃不出来,因为如果一只螃蟹找到了路往上爬,另一只就会拉它下来。这样的行为在人类世界里也比比皆是。

出于潜意识的羞耻感或者无能感,人们总想要削弱或者否定其他杰出者的成绩,这常常是非常隐秘的。这种"我无法拥有的东西你也别想得到"的心理其实是我们人类心灵中很原始的一部分。其背后是一种贫穷心态:认为生活是一个大蛋糕,大家一起瓜分。如果世界上可分享的名望、资源以及别人的瞩目是有限的,地位就成了一个相对的概念:有人上升,一定会导致有人下降。

贾特定律

贾特定律是斯堪的纳维亚文化里一个常见的说法,指的是一系列不言自明的规则,用来规范人们的言行举止。这个概念首先是作家阿克塞尔·桑德莫塞(Aksel Sandemose)在他的小说《逃犯留痕》(*A Fugitive Crosses His Tracks*,1933)中提出来的。

贾特定律中有 10 条规则:

1. 不要以为自己有多特别。
2. 不要以为你和我们一样好。
3. 不要以为你比我们更聪明。
4. 不要相信你比我们好。
5. 不要认为你比我们懂得多。
6. 不要以为你比我们重要。

7. 不要以为你什么都擅长。

8. 不要取笑我们。

9. 不要以为有人会关心你。

10. 不要以为你能教我们什么。

（Sandemose，1933；English version in Trotter，2015）

贾特定律说明，当高罂粟表现出众，更上层楼，穿透我们层层的文化习俗、打破种种行为方式时，会激起多么大的恐惧。打破那些不言而喻的"规则"的人，会面临否定与敌意。就像保罗·科尔贺（Paulo Coelho，2006）说的那样：有天赋的人接收到的隐含信息是"你一文不值，没有人对你的思想感兴趣，做个平庸的无名之辈吧，这是你最好的出路，这么做，你的人生才不会遇到大麻烦"。无须惊讶，这种不言自明的斯堪的纳维亚式规范，当然会给瑞典社会中的天才青少年造成负面影响。有一个研究，对比了瑞典教师对天才学生的感受与出现种种负性情绪之间的关系，比如，老师觉得这些学生的确很优秀但不尊重权威（Lindberg and Kaill，2012）。

源自嫉妒的攻击行为，是人类基本行为的一部分，它引发最为阴险狠毒的动力，打压那些杰出的人。这种行为背后的驱动力是基于恐惧的想法及世界观。在远古时期，人们生活在一个个的小部落里，羞辱或者诋毁有声望的部落成员有助于平衡层级结构，从而维持一种虚假的平等主义。然而，随着人类的进化，我们应该适应新的社会体系，能够容纳更为广泛的个体差异。实际上，从基因组成、力量、愿望、动机等方面来看，人与人之间都是千差万别的。强调节制与谦逊，抹黑个性化与成功，我们就堵死了思想及行动前进的道路，从而破坏我们集体意识的创造力与进化发展。在下一部分，我们会看一看这些社交动力对一个在情绪及同理心方面有天赋的人会产生什么样的影响。

躲藏和退缩

被冰冻的天赋

经年累月地被人批评"太过了"，总是处在有害嫉妒、欺凌与攻击的承受者的位置上，许多情绪敏感及有天赋的人最后都学会了扼杀或者掩藏他们的独特之处。

在你生命中的某些时刻，为了自保，你必须"躲藏和退缩"。然而，一开始是出于自保与安全的目的所做的努力，如果不觉察，慢慢就会内化成一种心理现实，不再假装你是微不足道的，而是真的相信你不配在这个世界上占据一席之地。一旦你开始审查自己、让自己噤声，再要占据世界上的任何空间都会让你感到焦虑，你甚至会隐秘地希望自己消失。

许多有天赋的人都有"冒充者综合征"：没办法把成功内化成自己的。你没办法为自己的成就感到欣喜，你会感到自己是个失败者，是个骗子或者冒充者。你可能总是担心自己会被"发现"，不敢冒险，不敢面对竞争及智力挑战，这会妨碍你潜能的充分发挥。

如果你认为"有天赋"是一种不愉快的负担,你可能会害怕成功。或许在意识层面你并没有识别出自己想要躲藏和退缩的倾向。然而,在潜意识层面,那个害怕被奚落、需要归属感、备受欺凌的创伤小孩,还是会跑出来,破坏你的人生成就。

> 当你想把内心的狂野激情与灵魂锁入天牢时,就会感受到来自内心的紧张与痛苦。这些紧张与痛苦或许不仅仅表现为情绪的低落,还可能表现为身体上的疼痛。常见的一些症状包括:偏头痛、慢性疲劳、令人虚弱的过敏症。像厌食症、强迫症及偏头痛这样一些障碍往往是天赋被遏制的征兆。

由于你已经与自己的这一部分,即热情、兴奋与理想主义的部分,失去了联系,你最终的感受可能是孤立、空虚,以及失意、挫败。在以后的生活中,你或许会经历精神上的危机,感觉这一生错过了重要的东西,或者被无意义感困扰。

2013年迪士尼出品的电影《冰雪奇缘》(*Frozen*)就描述了退缩与躲藏的故事原型。主人公艾莎(Elsa)拥有一种魔力,能够把所有东西变成冰。小时候的艾莎不会驾驭自己的超能力,有一次不小心弄伤了妹妹安娜(Anna)。后来父母出于保护的目的,教艾莎隐藏自己的超能力,这样就安全了。他们抹去了妹妹的记忆,假装艾莎并没有超能力。他们让艾莎与世隔绝,告诉她要"藏好超能力,不要去感觉它,不要让它出来"。艾莎感觉自己不会笑了，没办法自由自在地玩耍了。她为自己感到羞耻，相信只要真实的自己一出现，要么意味着被拒绝，要么意味着她会伤害别人。你或许也像艾莎一样，害怕自己的天赋。从很小的时候起，情绪强烈的人就自然而然地会信任、爱并给予。他们体验及表达爱与激情的方式常常强烈而凶猛，因为他们还没有学会如何管理自己的能量。然而他们的开放性在别人看来或许有些吓人。由于觉知力敏锐，他们难以忍受谎言与虚伪，于是常常不分场合地揭露一些人们不愿面对的真相。这常常使他们成为团体中的替罪羊，有时候甚至是自己家里的替罪羊。艾莎的故事感动我们，是因为它让我们想起，为了避免在别人眼里太奇怪或者太另类而拒斥真实自我后的那种孤独与恐惧的感受。也许像艾莎一样，由于害怕内心的某种东西，你也独自熬过了多少个暗夜。

要从混沌的潜意识躲藏及退缩中清醒过来，第一步就是要意识到这种状态的发生，并且直接去寻找发生的原因。下面我们一起来看看有哪些心理因素会让你躲藏与退缩。

需要安全感

你有着天才般的觉知力，又有强烈的正义感以及坚定的生活热情，当然有时候就会问一些危险的问题。被内心的好奇驱动，又追求卓越，你会想要去试探不墨守成规的世界。这会让你成为天生预言家，但是就像历史上所有的预言家一样，你会遭受猛烈的攻击和拒绝。大多数人都生活在自己的舒适区，害怕改变，而你想要改变现状，这会吓到他们。

在顺从、官僚主义及权力游戏的世界里，你会发现自己经常受到打压和孤立。许多有天赋的人会发现他们在别人眼里像是必须被消灭的威胁。不管是在学校还是在工作场合，他们遭遇到的社交反应都是贬低和敌意。敏锐会放大你的恐惧，因此社交情境中最微妙的攻击与嘲笑，你都能够识别出来。最后，你的恐惧系统长期处于应激状态，终日惶惶，老是担心被排斥。为了在社会上生存及保护自我，你或许会在生命的某个时刻决定要隐藏你的能力，避免被他人看见而视作威胁。

极其渴望归属感

想要归属某一个集体，这是人的本性的一部分。

然而，由于非凡的觉知力及超常的敏感性，你可能总觉得自己好像是个局外人在向里张望。

许多情绪敏感及有天赋的人都会感到一种紧张的内在冲突：他们想要在世人面前展示真正的自己，但是又不想牺牲归属感。这种既想要真实又想要归属某个集体的存在张力，在青春期表现得最为强烈，常常引起剧烈的内心冲突，继而延续到成年期。就像《丑小鸭》的故事，尽管你生来是天鹅，但你或许会一辈子都努力想要融入鸭群。或许很快你就发现，隐藏不是可持续的策略：如果你发展出"假自我"，假装成别的样子，即便别人接纳了你的伪装，你在内心深处仍然觉得自己不完美、不可爱。最终，你可能再也无法压制那个最热情、最大胆、最真实的自我的哭喊声。

📝 如果我疯了

许多在同理心方面有天赋的人具备敏锐的觉知力，并且能够快速吸收周围环境中的信息，因而他们对周围的人和事拥有准确的直觉。你或许能感觉到某事即将发生，并且能洞察他人的内心世界。比如，你总是能分辨某人是实话实说还是有所隐瞒。你可能会做一些活灵活现的梦，或者有一些超自然的奇遇。然而，这些经历或许会吓到你，因为我们生活在一个理性主宰的世界，对于意识的非主流的理解都会被妖魔化。

"灵媒"这个词常用来形容一个人可以和自然科学世界之外的存在打交道，可以与非物质的魔法力量和影响力相呼应。大多数具有非凡同理心的人，都在一定程度上有着超出常规的敏感、觉知和领悟。悲哀的是，各种各样的教条已经把我们教育得害怕那些不能客观测量的东西。实际上，大多数人都不承认有情感和能量转移这回事。结果就是，与其说你拥有这种天赋，不如说你害怕它。你宁愿否认自己的能力，也不愿被人当作疯子。

分离焦虑与幸存者内疚

我们大多数人都不明白，是什么潜意识恐惧与动机在阻止我们表达真实自我。1997 年，希尔克雷特（Shilkret）和尼格什（Nigrosh）带领一群优秀的女大学生做了一项心理学分析研究，发现有两种潜意识的抑制因素，会影响一个人的表现和幸福感：分离焦虑和幸存者内疚。

分离焦虑指这样一种信念：你的自由会威胁你最爱的人的幸福。你害怕你的所知所见可能会把你和身边的人分开。

幸存者内疚，在这里指一种潜在的自责感，觉得自己不应该看到或者知晓其他家庭成员不知道、没看见的东西，或者是感觉自己不值得拥有其他人没有的机会。或许，当你还是个孩子时，你展示自己在接收和处理信息或者出主意方面的杰出能力，你的家人曾极力打压你，不让你比兄弟姐妹看起来更出色。或者，大人为了维护家人的面子不让你说实话。或许你的家教或者所处的文化认为展示自己的能力是自私的。经过社会习惯多年的熏陶，尤其是在集体主义文化中（集体主义强调集体这个整体的需要，忽略个体的需要，推崇无私与和谐这样的价值观），你也要求自己在表达真实自我之前，更多考虑他人的感受和想法。

尽管在表面上看起来没有道理，但是下意识地，你相信如果逾越培养你长大成人的传统文化价值观和教义，就意味着背叛；你可能会认为，如果跳出了传统文化的限制，你就会把其他人抛在身后。

为了保护家庭而隐藏退缩，这在有天赋的女性身上尤其多见。不管是先天的本性还是后天的养育，女性一般更看重关系，更多考虑他人的观点。无论社会如何变化，很多女性依然感到自己必须要在维持关系和活出自己之间做选择。许多女性都内化了这一

● 拥抱你的敏感情绪

信念：她们要么是女强人，要么是贤内助，不可能二者兼得。甚至就算有天赋的女性明白不让自己发挥潜能是不合理的，她还是会这么做，如果她在内心深处认为成功会导致关系或者亲密方面的失败的话。就像玛丽安娜·威廉森（Marianne Williamson）在她《女性的价值》（*A Woman's Worth*，1993）一书中写的："只要我们还不得不考虑，在被听见和被爱之间做何选择，那么女性在情绪上就仍然不自由。"

再回到电影《冰雪奇缘》，其中最令人难忘的一幕是艾莎站在山巅吟唱《放手》（*Let It Go*）。多年之后，双脚踏上大地的那一刻，她终于第一次充分展示了自己的能力。听到她在唱："我再也不要回到过去，是时候看看我的能力了，我来了，我再也不会走！"我们也感到充满力量。我们明白一个人必须要隐藏自己有多悲伤，所以我们感动，这首歌共鸣了我们作为人的终极渴望：真正的自己被看见、被听见、被接纳。《冰雪奇缘》是一个关于"解冻"的故事，女主角学会了接纳真实的自己，展示她的实力。对于所有与众不同又不能很好地契合社会模式的人，这则童话蕴含着一个重要的信息：你没有必要为了爱牺牲真实的自我。隐藏真实的自我去适应社会，反而会让你感觉更孤独，遗世而孑立。最重要的是，假扮渺小，会把你的天赋夺走，却没有任何人受益于此。你的目的是找到一个舞台展示你的天赋，而不是忍受它。最终，你不需要在能力与爱之间，或者自由与联结之间二选一，你可以全都拥有。最悲惨的结局是，如果你假装比真实的自己无能，那么最终你会忘掉你真正的潜能，从而泯然众人。

反思　你是否也曾经隐藏和退缩

找出一点时间，腾出一片空间，带上你的日记本。舒服地坐下来，把你的注意力放到你的呼吸上。然后问自己下面的问题：

1. 回顾我的生活，回顾生我养我的环境，从学校到家里，看看有没有"高罂粟综合征""桶中蟹心理"，或者"贾特定律"在作怪？这些是如何改变我在集体情境中的表现或者行为方式的？
2. 为了融入人群，不被当作"怪物"，我没有说、没有做的是什么？
3. 我是否也有"冒充者综合征"：在内心深处感觉自己是个冒牌货？
4. 我是否难以接受别人的赞美，或者把自己的成就仅仅归功于幸运或外部援助？
5. 当我学会限制自己后，我的生活发生了怎样的变化？如果那个年轻、不受限制的我还在，他会怎么看待现在的我？
6. 隐藏和退缩是怎样让我觉得安全的？
7. 隐藏和退缩是如何让我一直假扮渺小，或者妨碍我充分实现潜能的？
8. 我的生命中是否有一个人，或者曾经有一个人，让我觉得不能或者不应该在他身边展示我自己？

9. 我假扮渺小是想要让谁感觉好一点？

10. 假如我变得非常成功，谁会不高兴？

11. 如果已经感到百分之百的安全，我会说什么，做什么？

  了解那些束缚你的因素及旧的信条，只是迈向自由的第一步。在后面的几章，我们会进一步看看"真实与安全"的两难处境，看一看怎样才能摒弃那些已经不再给你安全感反而只会打压你的信条。

第 7 章

内心世界

因"太过了"而羞耻

许多情绪敏感的人都多次体验过被误解及被边缘化。当你尝试着要自发、自然地做自己却被拒绝时,就会感到羞耻。时间一久,你可能会内化这一信条:认为自己有问题。与众不同或许会感到孤单,但真正的痛苦来自:你觉得自己作为一个人,从根本上"是不好的"。

如果羞耻感变得有害并且长期存在,它就会主宰你的整体自我感。长期感到羞耻的人会觉得"自己这个人"是羞耻的,而不是自己做了什么羞耻的事。内化的长期羞耻感是在说你作为一个人,本质是坏的、有缺陷的;这不仅仅是一种感觉,也是身份认同的一部分,是一种基本的存在状态。

长期的羞耻感会让人虚弱,失去活力。你可能会变得高度警觉并容易担心，因为你不认为自己有权利犯错。如果犯了错，你可能会觉得自己这个人就是错的。你可能很容易就陷入自我否定，觉得自己令人生厌、丑陋、愚笨，或者身心有缺陷。大多数已知的焦虑和惊恐都来源于羞耻感。比如，社交焦虑的背后是害怕尴尬或者被人羞辱，这种感觉又源自深深的缺陷感：担心那个"有缺陷的自我"会被发现。

当你在生活的某个情境里感到被暴露、被羞辱、尴尬，或者被人说"太过了"时，你可能会体验到来自内心深处的"羞耻攻击"：身体收缩，心率加快，手心开始出汗。经历最初的打击后，羞耻感会把你带入一种无助与绝望的状态。你会崩溃，从内到外。你可能会感到浑身的血都被抽干了，你必须蜷缩起来，低下头，避免看见任何人。很多人都会把这种羞耻攻击的体验描述成"地震"，或者"就像脚底的垫子被抽走了一样"。接着，你会感到暴露，还有一种粗糙的疼痛，就像失去了皮肤走来走去，在更极端的情形里，自我憎恨和无助感会引发自杀意念和自伤行为。

羞耻感的另一种表现形式是严厉的内在批评：内部有一个声音一直在说"你不好""别人不喜欢你""你永远找不到真爱与归属"。羞耻感在说"无论你做什么都不够好""你从根本上就是有问题的""你是坏的、危险的"。它甚至会变成一种极其恐怖的破坏性声音，说你不配在这个世界立足。

　　羞耻感是阻碍你活出真实自我的最大因素。一旦内化了羞耻感，你就可能总想把真实自我藏起来。当你身上最有热情、最有创造力、最具自发性的那一部分被藏起来时，你就不再熟悉它了。其实，是你正在通过否认自己的感受、需要和意愿，努力忘掉真实的你。为了活下来，你可能会给这个世界呈现一个"假自我"，而把真实自我隐藏起来。越是这样做，你越是难以相信你的真实自我会被接纳。如果毕生都戴着面具取悦他人，那么你最终将不再相信你的真实自我值得被爱。这个恶性循环会一直持续下去。结果就是你越来越退缩、被动和迟钝。

　　羞耻感也会阻碍你创造潜能的发挥。如果你总是在审查、监视并限制自己，那么留给自己自由嬉戏及快乐的空间就没多少了。你会拖延，因为你觉得，要做就必须完美，否则就不做。或者，你会感到特别疲惫，什么都不想干，因为你的力气都用来保护你受伤的自我不被羞耻感再次攻击。由于你不再自由地表达自己，你会越来越感到与自己的内在活力断了联系，你的创造力也被阻遏了。

　　然而，你无法太久地压制自己想要表达的渴望。甚至，哪怕真实自我的声音已经被听而不闻或者关闭，它还是会不可否认地、必定，以及不可避免地冒出来。你轻度的抑郁和空虚，其实是失去了最勇敢、最热情的自我的悲伤。你越是抵抗这个声音，生活越是会提醒你。你可能发现，自己突然就遭遇一些意料之外的生活事件，自己精心编织的生活被撕裂。严重的疾病、意外,以及精神危机都可能是你生活的转折点,你发现自己无路可退,只能面对自己的情绪包袱。另一种提醒的方式可能更微妙、更循序渐进一些:或许你无法再继续否认,对于一份没有前途的工作、职业或者一段关系,你有多疲倦和烦躁。你的身体和心灵或许正在通过生病或者精神崩溃的方式一直向你抱怨。

由于羞耻感非常令人不快,过于打击人,我们很难长时间和这种感觉待在一起。我们下意识地想要隔离或者逃避这种感受。我们可能会在情绪上变得麻木,或许试图通过一些强迫性的愉悦行为和过度追求成绩来分散注意力,或许我们会用愤怒或夸大的骄傲来掩盖它。所有这些策略都不持久。越是逃避,越会被羞耻感掌控生活。试着去了解羞耻感,不要因为有羞耻感而过于责怪自己,这是至关重要的第一步。被羞耻感束缚了这么久,要挣脱它不可能一蹴而就。然而,你的身心肯定希望得到疗愈,变得越来越整合。借助正确的工具,你一定能成长,即使经历过最为痛苦的羞耻体验,也一定能够痊愈。

这里列出了一些征兆,简要回顾一下,看看你是否长期遭受羞耻感的折磨:

- ◀ 你总是感到自己能力不足,不能胜任。在内心深处,你认为自己有缺陷、不如人,不会有人爱你。
- ◀ 羞耻感一旦被触发,你的体验会非常强烈,且持续的时间过长。

◀ 羞耻感会在你身上快速爆发为更加严重的焦虑、惊恐或者抑郁。

◀ 在有其他人在场的时候你会体验到强烈的焦虑,尤其是与那些你觉得会"看穿你的人"或者"比你好的人"在一起时。

◀ 你会回避那些可能引发羞耻感的活动或者机会。比如,你会因为害怕暴露在人前而拒绝升职。

◀ 为了避免被拒绝,你宁愿孤立自己也不愿冒险与人建立联结。

◀ 在别人贬低你之前你就先贬低自己,或者先别人一步切断关系。

◀ 对于批评,你的反应非常激烈,要么暴怒,要么强烈地自我憎恨。

◀ 不管外在的成就如何,你总觉得自己是个冒牌货,别人一旦了解"真实的你"就会拒绝你。

练习 了解你的羞耻感

1. 闭上眼睛,微微低头,让你的身体放松下来。现在,在你的记忆库里稍作停留,搜寻一下,自童年起,在哪些时候,你曾感到被人羞辱,是被某个权威人物还是被同龄人?可以是在任何时候,你记得有人明确对你说,你错了,你不行,或者有某种缺陷。羞耻感大多是我们没能满足某人的期望,却内化了这个羞辱我们的人

✓ 拥抱你的敏感情绪

的价值观。

2. 通过你的心灵之眼，环视你自己，你现在多大年纪？在哪里？发生了什么事？羞耻感是来自外部某人，还是你内在的严厉评判，还是两者都有？

3. 观察你自己面对羞耻时，即刻产生的反应。羞耻感容易引起一种收缩的感觉。你是否收紧了身体？有没有感到头脸发热？或许你的大脑一片空白？有没有失去时间感或者短暂失忆？

4. 回想一下你都是怎么应对羞耻感的。事情发生之后你怎么样了？你是勃然大怒、奋起反击，还是崩溃退缩？

5. 现在，如果羞耻感仍然在你的内心萦绕，那么回忆一下最近一次让你感到羞耻的事情。事情可大可小，可能发生在家里，也可能发生在单位，可以是在任何时候，只要你在情绪上再次体验到小时候那种羞耻感。然后，环视自己，看看你在哪里？你身上发生了什么？

6. 现在，注意一下你长大之后是怎么应对羞耻感的。还是采用小时候的策略吗？仍然会很愤怒，渴望报复吗？还是，你发现自己更想要退缩，远离整个世界？你会诉诸一些逃避现实的行为，比如暴饮暴食吗？有时候，不自觉地，我们会用一些不太明显的策略，比如强迫性控制行为或者讨好行为，来应对长期的羞耻感。

情绪风暴与失控

情绪强烈的人普遍面临的一个困难是，感觉自己要失控。其他人可能会说你"情绪不稳定"，因为你的感受来得太快，太强烈，而且很快就从一种感受跳到另外一种感受。然而失控感不是仅有情绪的变化，而是好像你的身上有多个人格，每一个都有自己的习性、感受和特点。你可能感觉自己上一秒还比较"正常"，下一秒就切换到另一个模式，你的感受和行为完全变成了另一个人。比如，你可能有"生气模式""悲伤模式"和"停摆模式"。可能上一秒你还很冲动，下一秒就会很麻木、很冷漠。当你陷入破坏性模式时，你身上更健康、更灵活的那一部分好像消失了一样，你也没办法再让自己平静下来。结果，你发现自己在做一些不想做的事，感受一些不想感受的感觉，说一些不想说的话。更难的是，有些时候你自己都不知道是什么触发了你的情绪转换。你可能只是"醒来后感觉不好"，不知道为什么。

记忆的力量

让我们来看一看认知心理学和神经科学领域的理论如何解释这些在感受和行为上突然且戏剧性的变化。

我们每天都通过五官接收外面的信息。作为成年人，我们会自动把接收的日常信息与大脑已有的系统结合在一起，弄清楚到底发生了什么。举例来说，现在你就正在把你读到的词句和存储在记忆网络中的语法知识、句法结构和词汇表结合在一起。同样，记忆是你当下感受的基础，你对生活中各种人和事的反应，在很大程度上基于你过去的经历。

在心理学中，意识和无意识记忆的关系可以用一座冰山来比喻，心灵的大部分在海面以下，是无意识的。所有发生在你身上的事都会记录在记忆里，甚至是你在意识层面想不起来的事情。你此刻的态度、情绪和感觉不仅仅是对当下事件的反应，也代表了生理上存储在记忆中的信息。

根据适应性信息加工模型（adaptive information processing model，Shapiro，2007），我们的大脑自有一套趋向整合与疗愈的处理系统。在不受干扰的情况下，它能把有益的和恢复性的记忆与令人难过的记忆联系在一起，帮助我们维持一定程度的情绪平稳。

然而，假如我们经历了异常痛苦或创伤性情境，曾经被痛苦淹没，比如在孩提时代反复被羞辱，那么，适应性过程就会被打断。

在生命的头 6 年，我们处在一种被称为 δθ（Delta Theta）脑波状态中。在我们还不能进行理性思维或表达自己之前，所有的体验：好的、坏的、丑的，都按照儿童推理水平记录。这是有问题的，因为最初令人痛苦的情境会按照最初的形式，连同最初的本能反应和儿童心智的逻辑推理一起，存储在记忆中。例如，客观上其实并没有什么灾难性事情发生，但如果我们五六岁时觉得自己不被爱或者被人拒绝，那么我们的记忆会一直提醒我们这些感受，连带着所有的无助、绝望，以及五六岁孩子感到的恐惧都会重现。令人痛苦的事件在我们大脑中的存储方式就像是"时间冻结"了，变成了一个信息孤立点，与记忆网络中的其余部分失去了联系。换句话说,我们仍然"被困"其中,是因为那个创伤性体验被孤立地存储在记忆中,没有与新的、更有益的、更具适应性的信息(比如"我已经长大了,我是有很多办法的")进行整合,从而促进疗愈。哪怕我们在意识层面已经忘记这些功能失调的信息碎片,但它们正是我们失控感受和行为的背后驱动力。

对于当下的你,这一切意味着什么

在创伤性情绪强烈及敏感的孩子身上,创伤通常不是一次性的,而是长期的、关系型的。比如,你可能体会到父母的冷淡、前后不一,或者"无形的"虐待,同时还在学校里受到欺凌与误解。如果装载的创伤体验太多,你的记忆就会断成碎片。

由于你的潜意识大脑按照联想的方式工作,那么,在意识注意不到的情况下,那些看起来随机的意象和感官联想就会触发你的痛苦记忆。有时候这个过程是如此微妙迅速,以至于你的理性大脑抓不住也理解不了。

一旦有事情发生,使得大脑把当下发生的事与早年的扳机点联结在一起,那些对于糟糕体验的记忆就再次被激活了。你可能会突然感觉与之前大不相同,有某些特定的想法侵入你的大脑,你开始有一些特定的行为。当情绪在激烈变化时,你就好像突然从一个大人变成了一个乱发脾气的孩子,你再次以孩童的心智水平活在创伤中。长大以后,你可能会攻击你的伴侣,莫名其妙地发脾气,或者常常做一些成瘾性或者自我破坏的行为,却不知道为什么会这样。

✓ 拥抱你的敏感情绪

我们几乎无法控制这些崩溃或者暴怒的发生，因为一旦创伤记忆被再次激活，我们意识层面的逻辑及思维大脑就无足轻重了。这种机制是基因决定的，是为了保护我们：一旦觉察到威胁，我们的"战斗－逃跑"系统就会活跃并接管一切，从而保证生存或者安全，这一系统的优先级高于逻辑推理系统。虽然那些事件的画面不会像创伤后应激障碍那样引发视觉上的闪回，但是情绪上的闪回可以通过多种形式发生，比如，自言自语说一些消极的话，感到胃里打了个结，胸口发紧，或者恐惧、羞耻和无力感如洪水般袭来。

我们之所以无法迅速识别引发我们这些反应的因素，可能因为我们对于刺激源还一无所知。现在正在主宰你的那些愤怒、悲伤和痛苦，或许来自多年前一直未被加工的记忆。然而，明白什么时候我们的反应会"不合逻辑"或者"不恰当"会很有用，真正的刺激源几乎总是一段记忆。而最糟糕的那一页已经过去。

练习　触发器

触发器指那些能够使你想起过往一些未经处理的体验的东西，它会激起一连串令人不愉悦的情绪。触发器可以是一个人、一件东西、一种情境、一种互动方式、一个地方，甚至一天中的某个时间点。一旦被触发，你的反应与在最初情境中的反应如出一辙。所以，如果最初情境发生在你5岁那年，那么你可能会发现自己的行为突然像一个5岁的孩子。由于过去的事件被锁在你记忆的一隅，因此只要被隔离的这一部分自己依然被困在创伤时刻，你就会常常被触发。

1. 标识出你被触发的时刻。你知道，当下列一个或多个事情发生时，就表明你被触发：
   1）你对现在情境的反应似乎强烈得不合常规。
   2）你感觉自己更像个孩子或者青少年而不像个大人。
   3）你无法控制地说一些话，做一些事。
   4）你觉得完全失控了，就好像别人主宰了你的生命。
   5）你无法做到退一步反思。
   6）你可能已经因羞耻而勃然大怒、崩溃。
2. 被触发时，你在哪里？在干什么？和谁在一起？
3. 描述一下什么触发了你？你看见了什么？察觉了什么？
4. 当你被触发时，你有什么样的想法和感受？同时也回忆一下身体感受。例如，强烈的恐惧、惊恐、疼痛、恶心，或者感到灵魂出窍。
5. 你觉得当时的自己大约是几岁？
6. 许多触发器都是在社交场合及某种情境中，触发你的是某个人吗？还是一群人？有时候你能够识别出触发器和你的体验之间有某种联系，但有时候对于早年事件你已经毫无记忆，没法做出合理的联结。不管是哪种情形，你都可以从仔细的反思中获益，降低被触发的频率,当再次被触发时,可以逐渐减轻情绪的强度。
7. 描述一下还有哪些选择是你回顾时想到但当时没有意识到的。假如预料到未来你还会被触发,你会做何准备?有哪些内在资源可供召唤?比如,能否非常坚定地提出你的要求,或者坚持自己的立场,而不是感到被剥夺或者被牺牲?或者,是否有能力暂时放下这种感觉?
8. 试着在脑海里预演一下未来会遇到的类似情境。场景想象得越生动越好,想象你自己的处理方式已不同于以往。感受你想要感受的,做你想做的。

感到空虚和麻木

"我情绪强烈,但大部分时间我什么感觉都没有,空虚,与现实及周围的人没有联结……"

虽然乍听起来很矛盾,但许多情绪强烈及敏感的人都苦恼于"情绪麻木",一种内在的死寂或空虚弥漫全身,剥夺了生命本该有的喜悦与丰富。

情绪麻木能够与情绪强烈共存,这初看起来好像与我们的直觉相左,但如果进一步了解大脑是如何工作的,就会明白这两者之间的联系。情绪麻木的根源是我们成长史中痛到不敢触碰的那一段体验。我们人类的本性是要保护自己不受痛苦折磨。一旦亲历过身体或者情绪上的痛苦情境，比如遭遇背叛或者侵犯，我们就会集中全力防止这样的事情再次发生。面临身体、情绪或者关系中的创伤体验时，人类有3种应对方式：战斗、逃跑和木僵。如果切断与他人的联结从而避免伤害是"逃跑"，那么让情绪完全麻木就是"木僵"。面临一些极端情形时，如被拒绝、被抛弃、被羞辱，我们的身体和心灵会进入"麻木模式"，这是木僵反应的一部分。实际上，解离模式被基因编码进我们的身体系统是为了保护我们：这是一种动物性本能，为了能够让我们在最不可想象的困难情境中生存下来。当我们被某种情形淹没时，切断联结可能是唯一能够让我们保持理智或者解救我们性命的方法。

然而，有时这些保护性的反射弧在实际的危险过去之后还会长时间存在。让情绪麻木往往不是有意识的选择，甚至直到这种模式已经成了你大脑"正常"运作的一部分，你可能都还不清楚这个模式的建立。一开始，情感的隔离会给你一种虚假的平静感觉，一种静态的愉悦，这也会让你呈现为可被社会接受的样子。你可能觉得自己一切功能都很正常：起床、穿衣打扮、上班。但最终，你的日子会变得死气沉沉。这种保护罩一开始看起来有点用：你感觉痛苦已经消散，你能够"继续生活"，甚至还会有几分信心。尽管这种模式一开始是出于保护你不受他人伤害的目的，但最终它会演变为把真实的你隐藏起来或者一股脑儿地否定你的需要。

对于情绪麻木或者解离，不同的人会有不同的体验：或许，

● 拥抱你的敏感情绪

你会感到一种甩不掉的无聊与空虚，你无法表现或者感受任何情绪。或许，你不再像以前一样体会到生活事件带给你的喜怒哀乐，或许，你难以与人建立一种深刻而有意义的联结。在心理学上，"情感恐怖症"这个术语就是用来描述一个人的这种倾向：总是回避他认为无法忍受的感受。结果就是，他会变得情感隔离，用一种"解离的"或者"去人格化的"方式体验生活。保护盾工作的方式可类比于心理学家杰弗里·扬（Jeffrey Young）提出的"冷漠的保护者模式"（detached protector mode）。这一模式的迹象与症状包括："去人格化、空虚、无聊、物质滥用、狂欢作乐、自我伤害、心身不适、茫然失措，或者采用一种愤世嫉俗的、清高的或者悲观厌世的态度来回避与人交往或者参与活动"（Young，2003）。

木僵的痛苦与危险

尽管，为了在情感上幸存下来，从痛苦中解离出来似乎是一种可用的解决方案，但这种方式有很多副作用。首先，被压抑的情绪会慢慢累积，你平静的外表下面隐藏着真正的心理伤口：愤怒，时而压抑时而爆发；渴望，你原本可以不一样的；悲痛，对往日的背叛难以释怀；伤心，友谊之花的凋谢何其速也！内心隐藏着这么多东西，你可能会感觉自己特别敏感、易怒。很小的事件就会让你"暴跳如雷"，你被不明所以突然而至的情绪爆发弄得不知所措。

如果感到自己已经完全切断了与真实自我的联系，你可能会做出一些并非出自真实意愿的事。举例来说，假如你舒服和安全的基本需要没有得到满足，你可能会依赖暴饮暴食、过度消费，或者其他冲动性行为来安抚自己。

如果你远离糟糕的情绪，那么你也远离了好的情绪。你可能会变成生活的旁观者，眼睁睁看着它流走，却无法融入其中。有些人甚至会体验到记忆的缺失，因为他们的确没有记住太多自己的生活，看着老照片却有种恍然如梦的不真实感。生活中的痛楚似乎减弱了，但你同时也无法充分感受积极的情绪：爱、喜悦与友情。虽然表面上看起来一切都还好，但你可能常常被悲伤或者孤独的潮水淹没。只要一想到生命有限，痛苦难当的存在焦虑与内疚就会不期而至。这是因为，虽然你的一部分坚持木僵状态，但在内心深处，总有声音控制不住地在提醒你：你正在错过你的生活。

最终，你会明白，把心灵闭锁起来的策略不是长久之计，选择彻彻底底地过生活就是要让你的心融化、盛开、疼痛，而且是同时。你的身体里住着一个生机勃勃、天真烂漫的嬉戏孩童。在内心深处，你渴望当尽情地活一场，渴望有人在场时你仍能感到非常安全，渴望倾尽全力爱一回，因为这些都是你源自天性的呼喊。

后面几章勾勒出来的道路是要引导你获得情感技能与弹性，让你能够感到足够安全，可以尝试一下感觉之水的深浅。我们会先从一些小的策略开始，比如学会标记情绪和自我管理。一旦发展出来一些情感能力，"融化"的过程自然就随之开始了。到那时，你就可以重新开启体验之门，迎接生命的喜悦、丰富与鲜活，隐藏起来的那一部分令你渴望已久。

📋 练习　针对你的保护盾做些工作

1. 摒弃所有的指责与羞辱

处理情感麻木的第一步就是摒弃依附其上的所有羞耻感和自我批评。在空虚感之上，你可能积攒了太多在关系中被羞辱的体验以及与之相关的冲突。比如，你的亲密伴侣可能曾经指责你是一个冷漠的人，当他需要你的爱时，你保持距离并戒备森严。然而，请记住，你的麻木根植于内心最痛楚、最柔软的地方，它只是你想要活下来的最绝望的一招。一开始就羞辱或者惩罚你自己的麻木只会强化这种防御模式。

2. 承认悲伤

一旦把内在的严厉批评放在一边，你就准备好了用慈悲之心来处理你的麻木。这很重要，因为当你开始认识到麻木已经让你离开喜悦有多远时，悲伤会向你袭来。你会因为自己失去自我、失去本心这么久而悲伤难过。不要回避你的悲伤，打定主意慢慢接近它、感受它，从而消化它，而不是压抑它。

3. 检查保护盾

现在你可以仔细看一看你的麻木了。运用你的想象力，反思下面的几个问题：

- 假如你的情感麻木是一堵墙或一面盾牌，它有多厚？
- 它是什么材料做成的？金属的、木质的还是塑料的？密度怎么样，或者有多重？
- 手摸上去时，这堵墙或者这面盾牌是冰冷的，还是温暖的？
- 它会随着你的生活境遇或者精神活力水平而改变吗？还是它一直是静止不动的？
- 如果你的墙或者盾牌能说话，它会说什么？

4. 感谢你的麻木，达成转化

继续感受你的保护盾，直到触碰到藏在它背后的柔软伤口。在这个过程中轻柔而深长地呼吸。直至你想要说："谢谢你保护我这么多年，没有你我不可能活下来。然而，我现在比以前强大了，我不再需要你了。"

你此刻的目标不是去除保护盾，而是像朋友一样对待它，了解它，这样它就不再继续主宰你的人生了。我们不能期待改变会在一夜之间发生，你可能需要一遍遍重复这个过程，慢慢接近它，检查它。

下次，你发现自己在用保护盾抵御情绪，或者在你想要感觉鲜活与存在却只感到麻木时，你就会对自己多些了解，你的麻木不再是无意识的破坏性力量。你的情感盾牌是为了保护你而存在，你可以选择用或者不用它，而力量永存你心。

第三部分
从疗愈到茁壮成长

现在，我们已经了解情绪强烈的人通常会面临哪些困难和挑战，在本书的第三部分我将引导大家进行一系列的反思练习，我们的目的是从疗愈走向茁壮成长。

早年创伤及负性体验会留下一些伤口，我们将从疗愈这些伤口开始。如果我们还背着旧的情绪包袱，还固守着那些痛苦的记忆、熟悉的模式和负性的思维倾向，那么这一步很有必要，不能省略。然而，最终你需要的不仅仅是活下来，你还想要活得好。不仅仅是治愈，还想要获得内心的力量，做真正的自己，开发自己深藏的潜力。

我们会看看怎样以开放的心态面对你的情绪、面对不可预料的生活，以及只要是生活在这个世界上就可能遇到的痛苦事件和难以相处的人。我们也会思考，诚实的生活意味着什么，如何才能表达自己，怎样才能找到归属，如何避免有害的关系模式，以及如何突破障碍，发挥你的创造力。

第 8 章，我们将聚焦于了解你在过去有哪些未被满足的需要，试着让那些一直萦绕心头的怨恨随风而去。我们也会看一看你与家人的关系，他们可能会激发哪些情绪反应，如何处理这些情绪反应。第 9 章讲述如何找到内在的安全感，学会处理强烈情绪，而不是被情绪压倒或者把情绪隔离；学会接纳人生不如意十有八九。第 10 章，我们将探索"真实"的含义，看一看怎样放手，不再要求自己成为应该成为的样子，而是接纳自己本来的样子。这一章还会讨论如何为你的创造力和生产力寻找最优的方式，围绕你的价值构筑你的生活。第 11 章是关于你和他人的关系：明白并守住你的情感边界；了解什么是负性社交动力和被动攻击；反思你在别人身上都看到了什么，进而促进你的个人成长；慢慢地让关系丰富你的生活，而不是让它成为生活的负累或者威胁。第 12 章，我们来聊一聊亲密关系：识别出受损及功能不良的关系模式；发展出能够彼此滋养的关系，让你为拥有这段关系感到庆幸，而不只是忍受它；不再退缩，勇敢去爱；张开双臂，欢迎你的情绪情感。最后第 13 章，我们将探索如何让你的创造性潜能得到最大的发挥。

如果书中探索的一些内容对当下的你来说还难以达到，请不要气馁。情绪疗愈及自我实现是一辈子的事，只要持续练习，不断努力，每个人都会取得进步。虽然书中各章节有其前后顺序，但你可能会发现自己更愿意在各章节之间来回切换，请跟随你的直觉，自由地接受那些引起你共鸣的部分，把那些不相干的部分暂时放在一边。

第 8 章

疗愈旧伤口

说出真相

情绪疗愈的第一步就是直面真相。"真相"在这里并不是指普世真理,而是你主观现实里的真相。关于你这个人的故事,是你独一无二、发自内心的,记录着你的历史的蓝本。

与丧失有关的情绪,比如悲伤、匮乏和脆弱,非常痛苦,令人难以承受,我们下意识的反应就是推开这些情绪。如果你的童年经历中有一部分是痛苦的,那么你的故事中这一部分可能还藏在你的潜意识心灵中,成为被压抑、否认、抑制或者隔离的内容,避开你的意识心灵。

在当代,提倡自助的积极心理学,建议我们要相信或者希望我们自己能获得健康,不要把自己当作牺牲者的角色,不要总是怪罪他人。然而,这并不意味着我们不去充分表达自己的愤怒和

● 拥抱你的敏感情绪

伤痛而直接跳到原谅。若要疗愈，我们必须清清楚楚地了解自己的故事：我们真实的历史，在情绪层面、以细胞水平记录在我们的身体中。这么做，我们就能释放那些耗费在压抑上的力量，并为活力与欢乐腾出空间。

不像休克性创伤或者身体上的虐待，心理伤害是无形的，并且常常不被承认。孩提时代的你，有时可能被迫要让自己沉默，因为表达需要和愿望有时是被禁止的，或者甚至是危险的。长大之后，你可能已经养成说话"绕圈子"的习惯，或者只是在"讲述"你的故事，而不允许自己直接体验所有的感受。然而，这样的话，你就把自己故事的一部分用羞耻感包裹并封存起来。已有大量的科学证据证明，否认感受会对心身健康造成不利影响。如果你否认自己最真实的感受，就会产生内心冲突，而这些冲突会给你的生理系统施压，这些压力会以周身疼痛、过敏，以及慢性身心疲劳的形式表现出来。

你很早就学会了隐藏自己的情绪伤痛来保护自己。或许你幼小的心灵没有找到能提供支持的人或者可利用的资源，帮你应对难以承受的残酷现实。或者，你的生活环境动荡而混乱，没有空间可以让你安全地表达自己。揭示你过往生活中被掩藏的秘密可能看起来让人害怕，但是靠表面的"一切都好"维持的虚假平静是脆弱且短暂的。毕竟，自我欺骗是有害的；未被哀悼的伤痛与未被言说的心声，蛰伏的时间也有限。深入探索你的过去，一开始虽然不太舒服，但这个过程会把你的情绪自我从长期背负的重担之下极大地解放出来。

见证

心中有秘密不能说带来的痛苦是最隐秘的。为了能够卸除负担,让你被剥夺已久的内心世界,最终能被充分地看见、听见,寻求另一个人的帮助会非常有用。心理学家爱丽丝·米勒说过,找一个"开明的见证者"很重要:这个人能够帮你认识你所承受的不公正或者痛苦,可以营造一个空间,供你讲述自己的故事(Miller,2008)。

如果这辈子都必须依靠自己,那么你可能会发现要信任他人很难。然而,若有一个人见证你的故事,这本身就有基本的无法替代的疗愈效果,这是自助策略轻易取代不了的。讲出你的故事,其目的就是体验真实的你被看见、被听见与被相信所具有的深刻的疗愈效果。如果你总是与自己的感受分离,那么,有一个人来见证你的故事将会是迈向整合的一大步。

> 为了让这个过程更安全,你必须确保见证人不要分析你,也不要试图证明你是错的。确保见证人不要捍卫某个人、某件事或者某个组织,包括像教堂这样的机构。在你讲故事的微妙时刻,他一定不能高高在上,同时不应俯就你,也不可给你任何建议。
>
> 如果在你的熟人圈子里找不到这样一个很客观、不评判的人,你可以考虑寻找专业人士的帮助。然而,请记得,咨询师和治疗师也是人,也无法避免地会内化社会的无意识偏见。如果他们背着自己文化或者宗教信仰

的包袱,那么你离开时可能会感到更受伤。你当然不想重演早年的关系,在那段关系里,你的直觉和超前思维成了一种威胁。关键是继续找,并在识人方面信任你的直觉。

一旦找到了这样一个可信任的见证人,并且你们两人都十分清楚,他的任务就是倾听你的故事,你的讲述很自由,没有什么定规,那么就可以开始了,讲一讲你作为一个情绪强烈的人,在这样一个让你感觉麻木的世界中是如何长大的。看看能否以第一人称讲述,而不要以第三人称讲述。在讲述的过程中,尽量搜寻详细的画面、记忆和事例:试着给你故事中的人物命名(叫他"史密斯医生"而不是"我的医生"),尽可能地诚实、具体。

见证人会帮你意识到,你在讲述过程中可能偏离真实情境,比如,你好像在讲别人的故事。他也可以帮你注意到,你讲出来的感受和你的身体表达出来的感受之间存在差异。例如,你在说"我向来都挺好,挺快乐",而你双手交叉,整个人缩成一团。

讲述尽管痛苦,但误解、忽视、被当成替罪羊,以及没有得到充分的养育,这些给你造成了伤痛,要疗愈这些伤痛,讲述是必不可少的第一步。向一个能尊重你感受的人表达你自己,这给了你一次机会去抵消被噤声带给你的影响,今天,你不再需要谁的许可,你可以自由表达感受。

假如你找不到这样的人,或者你只是很难向人敞开心扉,那么看看是否可以画出或者写下你的故事。以后，你可以找到一个让你觉得安全的人一起分享。

 反思　真实的我是什么样子

花点时间，找个地方，带上你的日记本，舒服地坐下来，把你的注意力放到呼吸上，然后反思：

1. 注意一下你是怎样和过去的痛苦联系在一起的。你是否总是忽略负性感受，贬低自己的看法？你是否习惯用第三人称谈论自己的事情，借此来与自己的体验保持距离？当你试图回想童年记忆时，脑子里是否一片空白？

2. 让自己尽量诚实：你这样一个敏感的人，在一个让你感到麻木的家庭里，是怎样长大的？当你感到悲伤与孤单时，向谁求救？好像和身边的人生活在两个世界里，这给你带来怎样的感受？必须在家里当个小大人儿，不依靠养育者，这样真的"好"吗？

3. 当你反思以上问题时，注意你说的话和你内在的感觉之间有何差异。你的身体不会说谎：感觉一下你的精神状态，感觉一下你身体上有没有什么地方疼痛。不管你认为自己"应该"有什么样的感受，你的身体都会揭示你真正的痛苦所在。例如，当你想起某个特定的情境时，你的呼吸有没有加快？有没有感到身体哪里在发热？感到胃部不适或者肩膀紧张吗？努力练习这种情绪上的觉察,不仅仅要思考你的感受,还要在温柔的意识中去感受它们。在疗愈过程中,把你的情绪和身体感受联结在一起很关键。理智化本身没有疗愈作用:你的身体与情绪自我必须活跃起来,改变才能发生。

不再执着于"本来可以"

直面你的故事与真实的你,迈出这勇敢的第一步之后,紧接着疗愈情绪之伤的下一步就是哀悼。

当我们想到丧失与哀悼时,脑海里经常浮现亲人离世,或者重病、战争这样的创伤性事件。但其实还有一种"模糊的丧失"常常被忽略:失去童年。假如你生长在一个充满敌意的社会环境中,处处都是忽视、拒绝和批评,或者,压倒你幼小心灵的不仅仅是伤心和愤怒,还有深深的失望和绝望,那么你很早就不再天真烂漫了。

当你明白自己从来就没有拥有某物时,哀悼就会升起。其实,你哀悼的是一种幻想,一种你从未拥有的生活。"或许会不一样"的渴望在心中留下了一段空白。或许,你不会把这种感受称为悲伤,但你会体验到它,那是一种空虚感,或者是一缕永远的乡愁,一种漂泊无依,不知该魂归何处的感觉。哀悼童年的丧失要比失去某人困难得多,你可能要在否认、愤怒、怀疑和沮丧之间来回摆荡多次,最后才能真正地接受。

哀悼总是痛苦的,因而我们默认的反应就是逃避。这通常是下意识的，一想到从未拥有过自己渴望的童年，我们就会感到深入骨髓的痛楚，为了逃避这种痛苦，我们会做任何事。然而拒绝哀悼恰好是心病的起因，悲伤是来帮你放手不再拥有的东西，让悲伤流淌，你会重回自己的生命之河。心理学家和心理治疗师都知道：导致抑郁的不是悲伤本身，恰恰相反，是不允许悲伤，不允许情绪流淌。假如你拒绝悲伤与哀悼，你的疗愈过程就会被未满足的需求、未表达的愤怒以及咽回肚子里的泪水所阻遏。最终，你推开的东西会变成最难解的心结。

更糟糕的是，为了避免更多的丧失与失望，许多情绪敏感的人在受伤之后会远离激情、爱，不再与人建立关系。你可能会转而寻求刺激，做一些麻木自己情感的事，比如饮食无度、豪饮无状，或者为了掩饰你对爱、安全与归属的深切渴望而去滥用药品。

再接再厉，你有能力哀悼你从未拥有"正常的童年"这一令人悲伤的事实。不要压制自己，不要让悲伤进入潜意识从而变成有毒之苦，承认你的悲伤，并哀悼。

纵然有一片好心，但你的父母或许能力有限，无法使你不受欺凌的负面影响，不会为你的天赋喝彩，不能尊重你的直觉，或者珍视你的敏感。你可能要哀悼这样一个不幸的事实：你这样一个有情绪天赋的孩子，在成长的过程中，没有或者几乎没有哪个成年人足够强大或者有能力让你依靠；没有人有能力支持你、保护你或者引导你。缺少一个强大的角色模板或者守护者，你的光芒就得不到认可，你也就不知道如何珍惜自己。另外，如果被同龄人欺负，你当然会感到悲伤和愤怒。对于幼小的你来说，情绪强烈和充满活力被如此彻底地误解，以至于被当作异类，这是非常痛苦的。

在哀悼中，允许你的幻想和理想生活凋零死去，就像蝴蝶破茧而出。虽然你可能无法完全不为你失去的童年悲伤，但痛苦与愤怒的强度会减弱。痛苦与欺凌是真实存在的，如果视而不见，这些伤口就仍然是有害的伤口。一旦你解开捂着的纱布，承认伤口的存在，这些伤口就渐渐不再掌控你了。实际上，哀悼是最好的止痛药；这是一个艰辛而神圣的过程，通向真正的自由。

当你勇敢地走上这条哀悼之路时，在某个点上你会发现，微妙而深刻的内在变化发生了：现在你能够以真面目看待现实了。越是哀悼，越是放手被你理想化的现实，你就越能以开放的心态活在当下。或许突然有一天，你会看见那些让你失望的人身上的脆弱、软弱以及作为人的本性。一旦彻底地哀悼，并且学会照料内心伤痛，你就会感到更自由；就像挪开了肩上压的千斤大石，你不再受困于无法解释的冲动：总想去改变过去或者当下的现实。你最终也会停止寻找那不存在的完美。就像《道德经》说的："夫唯不盈，故能蔽而新成。"

练习　哀悼"本来可以"

现在，让我们找一个地方哀悼你从来没有拥有过的东西。哀悼可以从回想一个儿时的悲伤时刻开始，也许是父母让你失望的时刻，或者是同龄人拒绝你的时刻。

锁定那个场景，把你也放进去，然后打开日记本，开始写。最理想的情况是，就像你又回到了那个场景中一样，以现在进行时态写。描述一下你从周围看到了什么，听到了什么，周围都发生了什么，你觉得自己需要什么，谁在你身旁。继续写，直到抓住内心深处的感受。仔仔细细地感受它，用你的身体和感官去感觉它。

然后，让你的悲伤浮现。更深长地呼吸，闭上眼睛。现在，让记忆的潮水漫过你的身体。

有可能的话，感受你的身体，就像又回到了小时候，注意身体各部分都有什么感觉：头部、肩部、背部、腹部都有什么感觉？

注意伴随着这些感觉而来的所有想法：如果可以非常安全地想说什么就说什么，你会说什么？如果有眼泪流下来，就尽情地流；允许自己全身心地啜泣。

在这个过程中，如果有愤怒产生，也尊重它。这时的愤怒是健康的，是在面对不公正的情境时恰当的反应：孩子不应该承受这样的痛苦与孤独。

当你记起这些经历时，注意你内心的感受。认知层面的复述远远不够，必须有强烈的身体感受与之相连，因为你的记忆是按细胞水平存储在你的身体中的。难的地方在于找到准确的感受，故事情节倒不一定要多完整。

真正的哀悼包括暂时让自己感到非常伤心、难过，甚至是嫉妒和愤怒。通常，人们会把这种感受混同于自艾自怜，或者是消极被动地接受失败。然而真相恰恰相反，没有什么比直面真实更勇敢了。哀悼不是要责备谁，而仅仅是承认那些事件的悲剧性。

把这个过程看作一个解毒的过程会很有帮助。悲伤是情绪的释放，真实的侮辱与伤害发生了，悲痛是恰当的反应。第一次彻底感受悲痛，你可能会感到如千斤磐石压胸口。此刻很安全，你可以让自己感受一下这个重压。这次你不会被它压倒，也不必与它隔离。腾空杯子你才能装新水。

只有鼓起勇气哀悼，放开"我本来可以这样"的幻想，你才能接受你在这个世界上的位置，才能释放你的心灵空间，全力拥抱眼前的一切。只有让真挚的悲伤浮现，你才能放开这些早已过时的缠绵不舍，重新找回失去已久的生命活力。

冲破旧日羁绊

虽然不是所有的糟糕经历都来自家庭，但是出生在一个不能理解你的家庭里，还是会面临很多困难。或许，你天生就有着超常的觉知力，而你的家庭没有能力培养你或者理解你的天赋。作为一个敏感的孩子，你生来就是易受影响或损害的，这会让你比别人更容易感到受伤。比如你的兄弟姐妹，他们和你有一样的成长环境，但他们就能够对忽视和伤害视而不见。即便是大多数的父母都尽其所能利用他们的知识和能力养育孩子，但其中有很多父母还是能力有限。甚至就算是一切都为了孩子好的父母也可能无法满足他们天生情绪强烈和敏感的孩子的需要。

童年被剥夺的人一生都在渴望真实的自己被看见、听见。如果我们的情感需求得不到满足,那么这种渴望会被放大,并且会被引向错误的方向。如果让内在小孩掌控生活,我们就会像坐过山车一样,下意识地不断寻求肯定,接着跌入失望的谷底,反反复复。有些人不断陷入与施害者或者令他失望的人的共生依存关系中,或者被这样的关系吸引:这种关系是他与在成长过程中遇到的功能不良的人的关系的复制品。如果你的家人曾经忽略你,那么他们现在对你的生活表现出来的兴趣会让你感觉很假。你没法感觉和他们很亲近,哪怕你们都爱着对方。当你们互相靠近时,彼此潜伏的愤怒都会悄悄浮现。或者,你会发现自己下意识地做出一些"孩子"的行为,说话的语调变得特别,或者行为方式变得特别。这是因为在内心深处,你仍然渴望得到家人的爱与肯定。

或许,你在理智上知道,你的家人不可能改变;在道理上你也明白,过去的已经过去了。然而,这些在理智上的认知和接受不能改变你当下的情绪体验,它们可能仍然是原始的、反应性的、活跃的,极易被伤害和失望引燃。你仍然困守其中,这在某种程度上是因为你希望通过不断重复同样的事情,会产生和之前不一样的结果,尽管作为成年人,你在逻辑上明白,重复旧模式不会如你所愿带来新结果。如果你让自己一直困在孩子的状态中,总是想要获得自己从没得到的认可与理解,你就只是在重复失望的循环。

对于真实发生的不公正和委屈，愤怒和悲伤是正常的反应。然而，如果一直陷在这种被背叛的感觉中，我们就会一直扮演受害者的角色。要前进，我们就要哀悼过去，并且从中成长起来。接纳并不意味着被动投降。原谅不是为了那些委屈我们的人，是为了我们自己。正如马丁·路德·金（Martin Luther King, Jr）的名言："黑暗不能驱散黑暗，唯有光明可以"（1957）。其实，每个人都已经尽力做到了最好，想一想当时的境遇，他们可能也充满恐惧，并且蒙昧无知，承认了这一点，我们才能前进。我们开始明白并接纳，每个人都是矛盾的综合体。没有人是完美的，而且，生活也不必完美。我们应该本着"兼容并蓄"的心态，为人们的改变留一定的空间，但同时也要放下对他们的期待。如果能接受万物皆有两面，那么你甚至会发现，失望的另一面是自由：如此令人心灰意冷，也就打破了幻想，现在的你已经不再抱有任何幻想、预测与期待，你自由了。

在下面的反思练习中，我们来学习如何挣脱由旧伤口驱动的反应模式。只有放弃对周围人的希望和期待，不再期待他们满足我们最深切的愿望，才能真正地解放自己。尽你所能，试试看能否抓住机会，自己解决问题，自己照顾自己，就像你从未被人照顾过一样。

练习　当情绪被触发时

1. 想一想在当下的生活中，或者不远的过去的一个时刻或者场景，在那一刻，或者那个场景中，你有一种

"昨日重现"的感觉。

当下生活中的某些问题或者你的反应方式，其实与过去有关，你发现自己对特定情境的反应似乎与当时的情况不太相称。或许你也觉察到，排山倒海的痛苦、愤怒或者伤心会在某些场合突然涌上心头，而且常常是和亲近的人在一起的时候，你可能会瞬间觉得自己被更幼小更原始的那部分自我"掌控"。

2. 暂停，深呼吸。别管眼前正在发生的事与过去发生的事有什么不同，你内心的感觉有没有让你想起一些过往时刻？或许，小时候的你更脆弱？你曾因为情绪敏感、强烈而被人误解、羞辱、欺凌吗？

3. 然后，问问你自己，此刻驱动行为的意图、动机或者愿望是什么？你最希望从别人那里得到什么？下面这几个词可以给你一点提示：注意、称赞、欣赏、认可、表扬、喜爱或者肯定。

4. 温柔地探索你的感觉，并与之保持同调，进而唤醒你更深层的、细胞水平的记忆。当你仔细地与你的感觉同调时，你会发现"需要""想要""渴求"感和身体某些部位的紧张联系在一起。当你感到这种与身体感觉的联结时，问自己：需要这一切的我当时是几岁？你的渴望是孩子的渴望还是成年人的渴望？

5. 如果它属于孩子的渴望，那么提醒自己，你现在是一个功能健全、独立的成年人，自己就可以满足这些需要，或者你可以从别处得到满足：你已经不再需要依靠他人了。如今的你可以自由选择，可以走开，可以设定边界，可以说不。

要达到真正的自由，你可能要在这一步跨得大一些：拥抱、滋养并安抚迷失已久的内在小孩。爱自己或许并不容易，尤其是童年的你并没有多少这样的体验。但最重要的是，我们所有人都应该学会做自己最好的朋友、父母及爱人。你可以牵着内在小孩的手，全心全意地爱他。你可以做那个他从来都没能拥有的人，告诉他你深深地看见、听见他，告诉他你有多爱他。你可以告诉他你明白他曾经受了多少苦，你很难过。尽管过去的羞辱与孤独可能留下伤疤，但你不必带着血淋淋的伤口在世间行走。

另外，你也可以从心理治疗师或者灵性导师那里，从你当下生活中富于爱心的成年朋友或者伴侣那里，从学习接受别人的爱中，寻找智慧和指引。然后，你也可以学习爱自己。

6. 你的某些需要可能来自成年的你。这一类需要通常不太受情绪的控制。它们来自你的合法权益：理性的交流、互信、基本的尊重及言论自由。对此你要做的就是承认这些需要，遇到困难自行解决。作为一个自信的有力量的成年人，你有能力改变你与人交往及待人接物的方式。你可以很有技巧地要求家人充分地尊重你，尊重你的边界。你有能力成为一个脚踏实地、能照顾好自己的人，能脱离充满负能量的交际圈，开始成年人之间的交往。

如果继续按照受伤小孩的心理与家人互动，那么你会不知不觉地营造某些情境导致他们把你当受伤小孩来对待。相反，如果你能打破这个存在已久、功能失调的互动循环，你的家庭系统也一定会改变。比如，当你坚定地表明什么你能给，什么你不能给，其他成员可能就必须来和你重新订立边界，学会尊重你的基本权利。遗憾的是，虽然你有权利要求别人把你当成年人来尊重，但别人也有权利坚持老样子不改，他们或许不会按照你希望的样子对待你，但至少你知道自己已经做了该做的，而且你能做的也只有这么多。

就像对生活中大多数事情你都控制不了一样，你也控制不了他人。然而，必须承认，你不再是校园操场上的那个孩子，你不再无助或者不安全。不断前进，你可以用新的、积极的信念不断武装自己。

7.最后，你可能愿意用你的语言为自己建立一个新的信念。当你再次感到被当下的事件触发或者被现实吞没时，你可以用下面的句子提醒自己，你的力量已经今非昔比：

◀ 我全然地爱与悦纳自己。

◀ 虽然过去的我常感到无力和无助,但现在我能为自己挺身而出。

◀ 遇到不公正、虐待或者欺凌,我可以转身离开。

◀ 现在的我强大且充满勇气。

◀ 我可以自由地表达自己。

◀ 我欣赏自己的力量。

◀ 我能够感受到自己的力量。

◀ 在任何情形下,我都可以自己做选择。

◀ 我心平气和地和自己待在一起。

过去已无法改变,但我们有能力改变自己的内心现实,不仅仅是理智层面的改变,还是情绪层面的。我们不再自艾自怜或者责怪他人,相反,我们会看看自己今天能做些什么去释放有害的情绪,我们已经深受其害太久了。

应对与家人相处的困难时刻

与那些在过去伤害过我们的人,或者总让我们想起旧伤口的人共处一室,这通常是强烈负性情绪最糟糕的触发器。如果你的旧伤是在家里留下的,如果你与家人疏离或者关系糟糕,那么与他们共处对你来说可能是个挑战。

在我们的文化中有一个大家都避而不谈的真相,对于"家庭"

时刻，比如在各种节日的家庭团聚，媒体描绘了一幅理想主义图景，我们的文化又进一步美化：任何不祥和都不能提。你几乎没办法向人解释你家的家庭动力有多复杂，为什么待在家里对你来说是一年中最为挑战的时刻。很少有人承认并理解这是个问题，这样的现实会进一步加深你情绪上的孤立感。然而，不管家庭团聚被强加上多少虚伪的欢乐，至少那一刻你不再孤单。

下面我们来看一看有哪些心理策略或者思维模式的改变，在我们面对挑战，与那些会触发我们情绪的人相处时，会给我们提供帮助。

策略1：原谅自己

首先，原谅自己一到这个场景中情绪就会被触发。有时候你会纳闷，为什么自己的情绪还是这么容易被强烈地触动，明明家人已经变老，变脆弱，住得很远，也不再影响你的生活了。哪怕你已经成功地离开家并建立起自己的生活，一旦再次接触，你还是立刻感到无力和沮丧，就像你仍然只有5岁大，或者你会再次表现得像个愤怒的、失控的青少年。甚至，虽然有着独立的成年人的身体，但你还是感到被困在强烈的情绪乱麻中。然而，不要因为情绪被触发，或者一到这个场景就有负性感受而责怪自己。

或许，承认你心里永远装着小时候的你，也是个有用的方法。看起来这一部分的你一直想要重复同样的交流模式，在同样的人那里"碰同样的壁"。虽然反复体验失望很令人沮丧，但这实际上也是一个提示，说明你的心灵想要修复，想要迈向整合。听起来有点反直觉，但是你感到有股力量驱使着你去重复同样的动力，那是因为一部分的你仍然希望结果会不一样。强迫性的反复尝试是潜意识试着再次回到过去，清理旧障碍。所以，要感谢自己有这样趋向完整的愿望，虽然结果不尽如人意，但尝试本身代表着你的心理是有弹性的，不是虚弱的。

策略2：彻底地允许

允许不是说立即原谅或者迅速达到一种伪平静。然而，这样做或许会有帮助：至少在一段时间内，你需要直接与他们接触，有意识地"允许"该发生的一切发生。你可能不喜欢、不赞成，或者难以接受他们的行事方式，但你可以留一些空间"允许"这一切发生。这意味着你与现实打交道的方式有了改变：不是与它战斗，而是真实地看见它的发生，并且允许周围的人按照他们自己的方式生活。

对于家人的所作所为，你有自己的评判和感受，这并没有什么错。允许不意味着拿自己当破抹布，或者甘心被虐待。然而，大多数的人都掉入了一个陷阱：期待其他人会有所不同，我们自己制造了这种需要，需要其他人按照特定的方式行事，并把这作为我们获得平静心灵的前提条件。一旦执着地认为其他人应该做出改变，我们就与他们的思想、感受和行为共生依存。如果把自己和他人的脾气及言行举止捆绑在一起，那我们为自己情绪自由付出的代价就太大了。

不管别人的行为在你看来多么无理、不善良或者有害，他们的行为也只是反应他们的内在真理，作为芸芸众生中的一员，你别无选择，只能允许其他人按照自己的真理生活。不管家人多么的功能不良，他们的行为一定与他们成长的环境及困难有关。是的，他们荒谬的、令人不快的行为没有道理。是的，他们没能理解或者欣赏真正的你，这很不公平，但没有人规定生活一定是公平的。你越是与现实对抗，就越痛苦。佛家的思想告诉我们：人生很苦，但受与不受你可以选择。既然你的家人这么多年都是这么行事的，那为什么你认为他们能够改变？

记住，只有你允许他人真实地做自己，真正的亲密才有可能发生。越是有满脑子的应该，你越会感到紧张，你也就把他人推得越远。

策略3：注意你的刻板印象

我们对自己及他人的感觉常常很僵化、很局限。这是因为，我们概括分类信息的能力远超于组织交流信息的能力。然而，现实生活以及人的心理动力，比我们看到的要灵活易变得多。通常，当我们对某事形成固定看法时，它就已经改变了。只要细想一下大自然的鬼斧神工，我们就能观察并了解到生命无常的本质。借用佛教的学说：生命是一条河。尽管在表面上看起来，它似乎是连续的、静止的"河流"，但真相远不止于此。今天的河流已不再是昨日的河流。这一刻的河流也不同于下一刻的河流。

人也逃不过无常，包括你和你的家人。为了理解生活的杂乱无章,我们形成了对事物的固定看法:"他很爱生气""我总是被这种事弄得心烦意乱"。虽然我们对自己及家人有了"这样""那样"的刻板印象,但现实是,人总是在不断改变和变化的。如果能够把眼前的人看作一条流动的河,你就会发现他每时每刻都在变化。尽管某些"人格"或者脾气的确没有变,但是认为你现在看到的人和几分钟前的他一模一样,这是一种错误观念。我们也可以从科学的角度来细想一下:每一个生命体中的细胞都在连续不断地分化,我们其实一直都在分解与再生的双向过程中。不管是从心理上还是身体上来说,你面前的这个人都不一样了。他始终在改变,这种改变是连续的、动态的,像水流一样。

你可以从这一步开始:当你去评判他人"这样""那样"时,把注意力集中在你心中升起的那些非黑即白、很确定的陈述上。你可以在自己使用"总是""不过是"这些词时抓自己个现行。当你注意到这些固定想法(例如:"我妈妈总是这么麻木不仁")时,不一定要完全反驳它们,但你可以尝试着为其他可能留出空间。例如,想一想,与你的陈述相反的一面也可能有,虽然可能出现得很少。或许,你"自私"的兄弟姐妹在生活的另一些方面却非常慷慨大方,或者,有那么一次,他们的行事方式完全不同以往。

还有一种方法可以为你的思维模式找回一些灵活性,那就是改变你身边的主客体关系。你是不是把自己看作被他人忽视的受害者?到底是谁在剥夺你需要的东西?你可以彻底地拥有你的体验,不是通过惩罚谁,而是通过找到一种方式,让你的思考更灵活。举例来说,如果你觉得父母没有尊重你的需求,有没有可能是你自己没有充分尊重你的需求？是不是你自己没有说不，从而把自己置于脆弱的境地，从而允许别人侵犯你的边界？再次重申，不要陷入自责中（侵犯是真实发生的，也是很难对付的），而是聚焦于你能为自己做些什么。

如果你明白，人的本质之一就是永远变化，知道事物并不总是你看到的样子，每时每刻都有改变的可能，或许你会略感安慰。或许，最大的挑战就是能够涵容保持希望与接纳现状这一悖论。明智的做法是，对于改变，不要抱有任何期待，同时又允许可能性存在：在某一刻可能会改变。

策略4：躲到幕布后面

如果所有的努力都失败了，有时候让自己在心理上与战场保持一定的距离不失为一条退路。一种做法是，把回家当作一次短途旅行。你可以想象自己是个局外人，一个"旅人"，或者你可以想象自己是从火星来的人类学家。

带着人类学家的心态，你"躲在幕布后面"，从科学而客观的角度来研究你看到的一切。既然你来到了完全陌生的星球，那么别无选择，你固有的理解世界的方式必须先放在一边。你的逻辑和假设在这里不一定适用，所以要保持好奇，有时候要允许自己对所见所闻感到困惑。这里的事情为什么是这样的，这里的人为什么这样做事，你不要指望答案过于简单，毕竟，你正在观察一种与你完全不同的生物。你甚至可以后退一步，更客观地检查他们的行为模式：这一家人是不是陷入了"戏剧性的三角关系"，

> 拥抱你的敏感情绪

在跳"受害者－拯救者－迫害者"之舞？某人是否成了替罪羊？有些人是不是被锁定在"替罪羊"或者"好孩子"的"固定角色"中？

当你还在这里时，你也可以玩"假扮"游戏，就像你去了罗马要入乡随俗一样，但在内心深处你知道，真正的你并不会因为这次旅行而受到影响。做一个观察者，而不是参与者，从你生命的这短暂一刻中幸存下来。

📋 练习 心理彩排

我们感到紧张，是因为在面对生活挑战时没有充分做好准备。心理彩排就是备战时刻。通过心理彩排，你将不再被反应淹没，而是变得有准备，有弹性。

1. 找一个地方，找一段时间，确保你不会被人打扰。你可以舒服地躺下，闭上眼睛。

2. 在脑海中想象你下一次回家的场景、节日，或者是任何一个你可能会与那些触发你情绪的人在一起的场景。想象一下在家庭活动开始前及过程中，你会看到什么。把你自己放在场景中，看到你自己也主动参与其中，而不是做一个被动的观察者。

3. 现在，想象所有可能会触发你情绪的情境：他们说了什么会惹你生气？他们怎么看你会让你感觉受伤？他们是否会说一些你意想不到的评论或者建议让你抓狂？从最小的事到最糟糕的情况，想象一下会是什么样子。你不妨在日记本上做一些记录，或者列一个心理清单。

4. 现在，选一个可能发生的场景，开始心理彩排。

   （1）你会对自己说什么？

   （2）什么样的话可以作为"真言"在关键时刻提醒你？

5. 看看上文所列的一些心理策略是否能帮上你的忙，或者你有自己的策略。

6. 想想处理这件事最好的办法是什么，然后在心里想象你自己正在这么做。

7. 你能提前想到的方法越多，就越能临危不乱，也会越有掌控感。

第 9 章

建立情绪弹性

从防御到开放

敏感度高、同理心水平高的人常会问这样一个问题:"我怎样才能保护自己?"

敏感意味着你比别人更善于接收信息,更能与周围环境同调;你比周围人接收的信息更丰富,无论是在感觉层面还是在知觉层面。作为一个"读心人",你可能会感到,自己比较容易吸收他人的负性能量和情绪,也比较容易吸引情感吸血鬼,经常被生命之重压倒。你可能会体验到感觉器官不堪重负、同理心耗竭,甚至"精神休克"。通常的建议是,敏感的人可以想象一堵墙、一个"保护泡泡",或者斩断联系,不再与那些让你虚弱的人交往。另外一些具体的建议包括:限制与外部世界的接触,避免被某些人或某些场景围困。这些策略或许有用,尤其当你身处一段虐待性的、不健康的关系中时,但是这些方法本质上都是防御性的,而且并非可持续的。许多敏感之人还是没有找到长久的避难所:即便是有意识地避开有害的人,人际摩擦也会影响你;即便是限制了社会交往,待在家里,情绪波动也依然会出现。

防御性方法最大的问题在于,它强化了受限制的、以恐惧为底色的自体感。如果你陷入一种固定的视角看自己,认为自己已经坏掉了,无能,必须仰赖别人的庇护和保护,你就不得不把自己的人生路设计得倾向于回避而不是成长与扩张。结果就是,你可能变得越来越强迫,疯狂地想要保护自己。你的世界缩小了,你成了孤家寡人。最后,你再也看不见自己无限的潜能,眼光仅限于一个缩小版本的自己。

本书所讲的是另一种方法,这种方法乍一看似乎是反直觉的。我们不再试图对抗生活不可避免且无法预测的本质,不再借由这种对抗保护自己,而是保持开放的心态。我们不再把自己缩进一个小泡泡中,而是舒展开来,允许自己越来越强大,从而适应一切:从恼怒到深深的喜悦与爱,这样我们就能充分享受作为一个人的所有体验。

真正的同理心与情绪弹性

在你的内心深处,住着一个对生活之美、对世上一切美好的事物,有着深刻鉴赏力的人,一个充满热情的人。然而,作为一个敏感之人,要和其他人安全地、真心实意地相处,你必须学会区分什么是真正的同理心,什么是不受控制的情绪传染。情绪传染指的是我们理解并感受到他人的感受,这通常是一个自动发生的潜意识过程。如果体验到太多不受控制的情绪传染,那么你从别人那里吸收来的东西就时常会淹没你。与不受控制的情绪传染不一样,同理心是一种技能。拥有这种技能,会让自己和他人都受益,同理心不仅仅指你有能力感他人所感,还需要你心理上的成熟。这种技能可以通过练习掌握。

誉满天下的斯坦福大学心理学家卡罗尔·德韦克(Carol Dweck, 2008)发现了思维模式对一个人潜能的影响。她发现,有的人采取的是"固定型思维模式",而有的人是"成长型思维模式",不同的思维模式对一个人在一生中取得成功的水平有着巨大的、广泛的影响。

采取"固定型思维模式"的人,认为他们的基础性格和能力是静态的,无法改变。相反,采取"成长型思维模式"的人,相信技能和品格是可以通过努力及有意识的练习获得的。采取"固定型思维模式"的人会不断质疑自己,并根据一次次的质疑及明显的失败定义自己。而采取"成长型思维模式"的人知道,挫折是暂时的,生活是一个过程,而不是在固定节点上的某个结果。他们带着这样的态度过一生:所有发生的事情都会给我提供学习的机会,所有的努力都不会白费。

如果你以固定的思维模式对待你的敏感性,可能就会屈从于这样的看法:你就是对外部世界太敏感了,从而回避那些可能受到评判、被贴上标签或者受到伤害的情境,你生活的全部目的就是避免被人"看见"。相反,如果你采取"成长型思维模式",你就会尊重自己的天资和品格，利用你的优势，管理你的不足之处，采取积极主动的立场，培育自己的力量和适应性。

作为一个情绪强烈的人，你抑制不了自己的情绪，你很快就会明白，自己没办法做到"跳出"情绪，唯一的出路就是穿越你的情绪风暴。实际上，最关键的是要拥抱你的情绪敏感。获得情绪弹性的第一步就是拥抱内心升起的痛苦情绪。最后，你可以把这一策略用于外部事件、压力源、人，以及更广阔的世界，哪怕你使出浑身解数保护自己，然而这世界终归喧闹嘈杂、不完美。人们不会总是和颜悦色，世上的事也不总是公平。生活中的伤痛与困难不是问题，但如果你的应对方式是回避、自我谴责及批评，那么你可能要一生都忙于抵御生活的潮起潮落，从而迷失自己。采取"成长型思维模式"，就是要利用你情绪强烈这一优势。你可以选择在每一次情绪挑战来临时锻炼自己，把每一次都看作你成长的助力跳板。

培养情绪弹性就像训练肌肉，有很长一段时期，人们都认为，随着年龄的增长，大脑中神经元的连接会固定下来，不再改变。但近些年有了一些变化，先前的观念（成年人的大脑几乎是一个静止的生理器官，一个人过了童年时的关键发育期后，大脑基本不再改变）已经被取代，人们相信大脑是不断变化的。神经可塑性，或者大脑可塑性，指的就是一个人终其一生，大脑都是可改变的。人类大脑具有令人惊异的重组能力，可以在神经元之间形成新的连接，研究表明，大脑实际上从未停止改变与学习。

✓ 拥抱你的敏感情绪

成为一个健康的、整合的、情绪强烈的人，意味着你要学会维持一个核心的自我统一感，不要被时刻变化的感受破坏。你的目标不是要完全控制情绪。另外，完全与情绪隔离，隔离到你感觉自己内心空虚，也不可取。相反，你要学会处理各种各样的感受，而不是被感受完全支配。

真正拥有同理心，意味着你不但能够感受到不愉快的情绪，还能够忍受它，有信心不被它摧毁。由于我们从别人那里感受到的不总是愉快的东西，所以真正的同理心需要勇气与悲悯之心。对于你在别人身上看到的事情，即使不赞成，你也可以磨炼自己对正在发生的事情保持清醒，不要关闭你的敏感性。只要练习足够多次，你就能够在心里开辟一个空间，既能容纳你之温柔，也能容纳他人之痛。不抵抗，不要变得强硬，你可以把温柔的慈悲带入意识；不要把感受和他人推远，你可以抱持他们。渐渐地，不只是你的体验会改变，你对体验的体验也会改变。你的弹性会让你感觉更有活力，而不是把自己局限于安全舒适区内。如果你能在最困难的时刻训练自己去培育敏感性和悲悯心，那么作为一个有情绪天赋的人，你会慢慢找到一种全新的自我感。你会感到自己强壮而富于爱心，不再是脆弱的受害者。最终，你不会再把自己能够感他人所感的能力看作一件坏事，而是把它作为一扇门，把你和其他人的世界连通。

练习　你会怎样讲述自己的故事

我们自己的故事在很大程度上决定了我们怎么思考

及感受我们自己和外部世界。我们塑造自己感知觉的方式是高度选择性的；如果我们相信一个关于自己的说法，比如："我不能比别人出色，否则就会受到攻击"，那么这个说法就会立即成为我们感知觉的过滤器，当与已知框架不符的信息进来时，我们就会下意识地不接受。同时，我们还可能选择那些符合我们已有觉知的事件来强化这一框架。（"邮差没有按时送信来：我就知道，在这个世界上没人可以相信！"）神经科学领域近期的发现证实我们的大脑的确是这么工作的。这个过程叫作"图式强化"。最终，我们的模式越来越固定，或者说，我们越来越深陷于自己的故事中，那个故事在说我们是谁，应该怎么做。

找几张便条，定一个 10 分钟的闹铃。

思考下面几个词语，然后把脑海中浮现的词、句子以及记忆片段写下来：

◀ "敏感的"
◀ "感受事物"
◀ "激情"
◀ "同理心"

回顾一下你写下的内容，然后问自己下面的问题：

1. 在你成长的过程中，或者长大之后，你都吸收了哪些信息？

2. 哪些信息是你从社会或者周围环境中内化而来的?

例如:

◀ 表露感受的人是软弱的。

◀ 男人不应该显露出脆弱的一面。

◀ 情绪有积极的,也有消极的。

◀ "敏感"的人是软弱的。

3. 在某种程度上,你是否也认为,自己"对外部世界的反应过了头"?

4. 你都用过哪些防御策略保护自己不受外部世界的伤害?这些策略管用吗?

5. 当你感受到负面情绪时会怎么做,是淹没其中呢,还是回避?

6. 你是否视情绪为一种威胁?

7. 你是否认为大脑是固定不变的,或者你认为情绪弹性是可以培养的?

建立安全基地

在这个世界上,你如果感到不安全,那么对它敞开心扉是不可能的。作为人类,当我们无法感到安全时,本能的倾向有:木僵、妥协、战斗或逃跑。因此,练习敞开心扉的第一步是培育一种内在的安全感。

由于敏感,面对生活事件,你不止反应更加强烈,而且比较容易长时间处于情绪风暴中。危机过后,你可能很难再回到情绪"基准线"。如果你发现自己一直处于情绪螺旋式下降中,最终陷入绝望,那么这很可能因为,在内心深处,你觉得活在世上不安全。即便是在逻辑上知道,你的人身安全是没有问题的,但你仍然可能在心理上感到自己的内在是脆弱的。有时候,你不觉得自己是个强大的成年人,而是一个孩子,需要别人的抱持与保护。当不好的事情发生时,你不相信如果你倒下了,会有东西撑住你。这种绝望感与心理学上定义的内在"安全基地"有关。

> 心理学研究发现,与养育者依恋关系良好的儿童能够信任他们,并把他们当作自己的"安全基地",这个"安全基地"也起到了踏板的作用,让儿童能够安全地探索外部世界。"陌生情境"是一组心理学实验,在实验中,一群儿童待在一个满是玩具的房间里,他们的养育者进到这个房间,随后又离开房间。研究者观察儿童的反应,借此了解儿童的依恋模式并观察他们如何应对分离焦虑。他们发现,与父母依恋关系良好的儿童,其反应完全不同于那些与父母依恋关系不良的儿童。安全依恋的儿童在父母离开房间时尽管也会流露出难过的迹象,但父母返回后,他们能够马上自我调整,再次与其他儿童玩在一起。父母静静地待在一旁时,他们就有足够的安全感去探索和游戏。相比之下,当父母离开时,那些没有"安全基地"的儿童表现出更强烈、更持久的难过;

即便是房间里到处都是玩具，他们也害怕到没法玩。很多儿童甚至在父母返回后仍然很难过，没法信任父母（Ainsworth et al.，2015）。

依恋理论的奠基者约翰·鲍尔比（John Bowlby）说，我们所有人，从摇篮到坟墓，最幸福的莫过于把生活过得就像一次次组织有序的旅行，有长有短，不断地从"安全基地"出发，又返回到"安全基地"（2005）。不知道归处在何方，就很难有勇气闯世界。从小我们就仰赖"安全基地"来获得情绪自由与勇气。如果我们有一个"安全基地"，生活就变成了一场探险，像坐过山车。我们能享受旅途的一切，知道我们基本上是安全的，我们有一个"家"可以回去。没有"安全基地"，坏事情发生了我们可能会惊慌失措，觉得所有危险的征兆都噩梦般没完没了。当我们还是个孩子的时候，我们的养育者可以给我们营造一个"安全基地"。但长大之后，我们就必须在内心自己造一个。对于那些小时候没有体验过"安全基地"的人来说，这可能会非常难。

成年人要发展出一个"安全基地"意味着要学会自己照顾自己，要友好地对待自己内心的情绪，慢慢发展出信心，相信不管生活把你扔到了哪里，你都可以自己反弹回来。苏珊·杰菲斯（Susan Jeffers）是《战胜内心的恐惧》（*Feel the Fear and Do It Anyway*，2012）一书的作者，她在书中写道，恐惧是你认为自己处理不了即将发生的事情，超越恐惧的方法就是相信自己有能力处理生活中扑面而来的一切。同样，戴维·里霍（David Richo，

2011），《敢于信任》（*Daring to Trust*）一书的作者，也认为，成年人信任、爱与亲密的基础不是盲目乐观地认为"你永远不会伤害我"，而是"不管你如何对待我，我都信任我自己"。

有了内在的"安全基地"，你就不必对抗、评判、否认或者合理化你的情绪。你可以动用自己内在的力量，不再被激烈的情绪波动左右。一旦你发展出内在的信任感，即便是面对巨大的不确定性，在某种程度上你也会清楚，自己不会感到全然的无可着落。你不再需要依赖其他人给你信心和安全感，因为你知道，你总可以回到你自己这里。最终，你相信自己总有能力从情绪风暴中回归自我，这种信任会成为你的"基地"，余生不管会经历什么，你都能泰然自若。

下面的练习会帮你奠基自己的"安全基地"。一小段的冥想会帮助你记住安全的感觉。随后我们一起去发现生命中那些会滋养你、支持你的事物，用它们构建你身体上及心理上的"安全基地"。

练习　安全之地的冥想

下面的想象练习会帮你找到内在的安全感。练习的目的是让你感受到内在的安全，不止在理智上明白，还要从情绪及身体上感受到。多年来，心理咨询师和治疗师一直在用"对安全之地的想象"来帮助人们疗愈，有时候甚至是从非常严重的创伤中疗愈。这个练习很有效，曾经帮助过很多努力寻找内在稳定感的人。

1. 找一个安静的地方，让自己放松下来。
2. 想象一个地方，那里会让你觉得安全。如果"安全"这个词让你感到太沉重，或者你很难找到这样一个地方，不要太难过，不是你一个人有这样的感受。你可以简单地想象一个地方，你感觉那里"还不错"，或者比其他地方更安宁。这个地方不一定要多完美，也不一定是一个物理空间，它可能是你记忆中的某个地方，你曾经去那里旅行，或者是梦到过的某个地方；或者，你也可以在脑海里创造一个抽象的象征性的空间。
3. 现在，更加仔细地描绘你的安宁之地。你是坐着、站着还是躺着？或许你正漫步其中，也可能正在进行某项活动。可能只有你一个人，也可能还有其他人陪伴。或许你的宠物或者一只动物正在你身边。向四周看看，你会看到什么？注意映入你眼帘的一切，包括色彩、各种形状、物体、植物等。
4. 然后，把注意力放在耳朵上，倾听周围的声音，包括静默之声。注意这些声音，它们可能离你很远，也或许就在身边，可能洪大，也或许低微。
5. 现在，想一想你在这里可能会闻到什么样的气味。
6. 然后，身处这个安全之地，注意一下你身体上的愉悦感受。注意皮肤的感受：脚底下坚实的大地或者任何支撑着你的东西，周围的温度，空气的细微流动，任何你能够触摸到的东西。

7. 让你自己深深地沉浸在所见、所闻、所感中。你可以在这里逗留一段时间，全然地享受那种平静与安宁。

8. 现在，身处这个平静安全之地，你可以给这个地方取个名字；可以说一个词语，或者是一句话，任何时候，只要想起这个名字，你就能回到你的安全之地。

9. 你可以随时离开这里，不要闭眼，让周围的环境留在你的心里，看看这种平静的感受能否在你回到日常生活后继续保留下来。

 练习　建造你自己的圣坛

如果你觉得想象安全之地太困难，细节难以捕捉，那么你还可以先这么做：找一些外在的、更具体有形的东西，它能在当下的环境里为你提供支持。

构建你自己心理上及身体上的安全之地，可以与这个建造你的个人圣坛的过程联系在一起。在许多精神灵性的传统里，个人圣坛是一个神圣的所在，专门盛放那些对一个人来说非常重要且有支持意义的东西。那里是一个支持性的空间，你可以从中找到安宁，获得鼓舞。

拿出你的日记本，问自己下面几个问题：

1. 在过去，每当你深陷烦恼或者心灵失去平衡时，什么帮到了你？什么带领你重新回到平衡状态？
2. 早上醒来或者晚上入睡前，有没有一些仪式或者固定程序，能让你获得安稳感？
3. 保证能带给你愉悦感的是什么事情？
4. 你心中无论如何也不会改变的是什么（例如：你的价值观）？
5. 什么是你可以控制的？
6. 什么会带给你欢乐？
7. 什么样的关系能让你感到真正意义上的爱与滋养？
8. 你从何人何处可以获得理解与欣赏？

列一个表，记下能给你带来安稳感的东西。可以是一些能让你感到愉悦、感到爱，或者平衡的东西。可以是不起眼的小东西，也可以是非常重要的东西。可以是平凡之物，也可以是神圣之物。比如，早晨的一杯咖啡就可以给你带来巨大的快乐，但也可能是你与上帝的关系或者你的灵性之源。最好有多种来源，因为如果仅依赖一处来源，比如只有从浪漫伴侣那里才能获得，那么你难免会有些担心。

把这些写在纸上，放在随手可见的地方，提醒你不管外部世界发生了什么，这里是你永恒的基地。

友好地对待你的情绪

情绪敏感的人更容易被人生的起起落落影响。由于情绪的深刻,你感受到的现实更广阔,对地方、人及情境,你体验到的依恋更强烈。人生的变迁:有人离开了,一个时代结束了,人际关系终止了,都可能伤你更深。就像《天生敏感》一书的作者伊莱恩·阿伦说的那样,"敏感者的人生有两个特点:很容易被激发起来,以及情绪反应强烈"(Aron,1996)。这种特质是你天性的核心,尽管有时候会让你痛苦,但你能看到并感受这么多,也正是你的正直与道德敏感性的来源。你可能竭力想要像其他人一样:否认、赶走或者抑制这些强烈的感受。一旦担忧在你心中播下种子,你可能就一直努力要除掉它;你发现自己会沉溺于这些想法中,直到问题解决。你的朋友和家人或许会建议你"不要想太多""明天再想办法",或者"喝一杯"分散一下注意力。这些暂时的方法可能对他们管用,但你会一直挣扎着想要平静下来。这是因为你和别人存在神经学上的差异,并不是说你有什么缺陷。虽然在其他人看来,你似乎有些神经质,甚至强迫症。令人遗憾的是,如今我们的文化似乎患上了情绪恐怖症,它鼓励人们对感受保持沉默,尤其是在感受到"负面"情绪时。

有时候,敏感会让你产生强烈的情绪波动,而你的认知大脑还没有准备好。这时候往往是这些情绪想要告诉你什么,它们是来帮你的,尽管你在那个时刻觉得无法友善地对待它们。情绪(emotion)这个词,拼写为"e-motion",意味着情绪是有力量的。

每种情绪都有它自己的能量特点，服务于不同的功能。拿走了情绪并不能换来平静，只会剩下抑郁。幸福的对立面不是不幸，而是淡漠。其实，临床上对抑郁的定义是：事物变得灰暗，失去活力。换句话说，情绪是我们的生机之源，是通往充实人生的指路牌。所以，与其总想着赶走情绪，我们不如看一看如何拥抱情绪，友好地对待并驾驭它们。

真实的感觉自然而然就会产生，在生活中会遇到什么你是很难控制的。如果你没有信心处理强烈情绪，你可能会觉得自己时常处于防卫中，要么战斗，要么逃跑，无法安住于当下。

如果你觉得自己是情绪风暴的受害者，那么友好地对待情绪对你来说可能是难以企及的目标。没有建立内在的安全与稳定，时常被情绪的过山车裹挟，只会让你感到无力。

我们不仅需要身体与心理的"安全基地"，还要有情绪的"安全基地"。为了找到那个避风港，获得内心的平静，我们需要找到一种深层次的开阔宁静感，这种感觉不会被表面上的情绪起伏干扰。不要把这个与压抑情绪、情感淡漠或情感隔离混为一谈。实际上，它们是完全相反的，寻找内心的避风港会带给你稳定和力量，会深化你的存在感，增强你的耐力，加深你与周围世界的联系。它会让你的心门打开，而不是关闭。

对你的情绪敞开心扉并不是什么新思想。几个世纪以来，各个文化传统中的灵性践行者通过正念练习正在朝着这个方向前进。如今，正念已经成了一个流行词，但直到最近才被西方心理学界接受。这是一种古老的修炼方法，人们在东方哲学中发现了它，包括佛学、道教及瑜伽术。这的确是一种非常强有力的修行方法，有大量的证据证明它在减轻压力，增强愉悦感和自我觉察，增加情绪智慧，消除各种无益的情绪、认知及行为模式方面行之有效。

对正念的定义有很多种，但基本上都归结于：把注意力放在当下这一刻，有意识地培育好奇心和同理心。尽管常常被误解，但正念的确既可以在冥想中练习，也可以在冥想外练习。练习正念可以有很多种方式，有"正式的"练习，比如，静坐、呼吸练习，也有其他一些致力让你在日常生活中保持觉知力的练习。

你可能会误以为那些在垫子上静坐的人都达到了内心宁静的状态，而你自己很少有这种体验，这可能会让你认为"我做不了冥想"，或者"我在冥想时的状态和他们差太远了"。然而如果去问那些经常练习正念的人，你就会知道，实际上不是那么回事，完全的宁静遥不可及。人的大脑，尤其是情绪强烈的人的大脑，无时无刻不在忙碌着，大脑中充满着思绪、计划、追忆及判断等。这是非常自然的。正念并不是要扫除所有的想法和感受，而是为它们创造一个来去的空间，从而使得我们不再觉得受其所困。练习的目的是帮你弄清楚情绪，而不是深陷其中。

持续练习足够长时间，你会培养出一种有弹性的感觉，能够带着一颗柔善而开放的心面对内在升起的情绪。然后，你就可以

● 拥抱你的敏感情绪

着手拆除你与外部世界之间的阻隔了，它把你隔离了这么久，让你深受孤独之苦。

📋 练习　友好地对待你的情绪

与都市传闻相反，正念并不是一定要坐在舒适的垫子上念诵几个小时"嗯"。实际上，此时此地，你就可以试着体验一下正念。

1. 回想一种不愉快的感受，按照你惯常的方式给它命名（可以是"害怕""生气"或"羞耻"）。

2. 缓慢地呼吸，让你的心平静下来。注意到你想要从不愉快的体验中逃离的愿望。注意到你的心里可能有个声音喋喋不休；它可能在评判你的感受，或者想要给出解释，或者想要通过理性推开你的感觉。大脑这样做无可厚非，看看你可不可以温柔地把你的注意力带回来，不去苛责自己从一开始就分心了。

3. 注意那些与你的感受相伴随的认知思维，比如"我很生气"。然后，看看你能否克制一下，不让这些思维进一步强化你的感受。

4. 用更中立的方式描述你的思维，去掉个人化的部分，比如，"这是生气"，而不说"我很生气"。

5. 尽管这种感受不愉快，但请相信你的感受对你没有敌意。当我们第一次让心灵平静，去注意发生了什么时，我们通常都会认为自己的感受和想法是"糟糕的"，想要完全阻止它们，这是很正常的。我们甚至会责怪自己有这些想法。

6. 试着这样想：你有这些想法是因为你需要它们，没有它们你活不下去。一部分的你认为你要小心提防，要坚持这些想法，这样才能在这个世界上有效地施展才能。另一部分的你想要它们有所帮助。尽管你感到它们并没有帮助，而且从逻辑上讲它们的确没帮助，请暂时相信，你之所以有这些想法是出于友好的目的。看看你能否认可这一点，温柔地对它们说一声"谢谢"。

7. 继续这么做，再多做几分钟。你的感受或许会是愉悦的、不愉悦的或者中立的。我们总是倾向于逃离不愉悦。看看你能否和它多待一会儿，你可以尝试着对自己说："就再多待一分钟，就一分钟，再一分钟……"把你的意识带回到呼吸上，如果让你分心的想法或者自我谴责的思绪回来了，就温柔地拂去它们。

8. 坚持几分钟后，你可以停一下，祝贺自己用这段时间培养了对自己的善良与开放。现在，你已经开始培养你的情绪弹性了。

9. 就从今天开始，打定主意开始练习，一步一步，每天前进一点点，增强对自己负面情绪及不愉快事件的忍耐力。提醒自己，所有的恐惧与焦虑都来自过去的负面体验。然而，不管过去发生了什么，现在的你是安全的，你能应对的事情比你想象的多。你可以选择与自己的"安全基地"保持联系,致力生活中的美好之处,心怀感激而不是恐惧。你可以把这个联系放进你的日常生活,每天早上都对自己说:"今天,我立志要对看见的、听见的、感受到的、知道的所有一切都保持开放,带着我的善良与坦诚。"

在日常生活中,当你感到想要回避、麻木自己或者关闭自己的时候,也可以试着让自己正念一会儿。

倾听你的感受

健康新范式

传统的西方医学模式倾向于从绝对的、还原论的视角去看健康,这一视角很少考虑一个人整体的健康。常规的治疗方法有时也被称为对抗性治疗。对抗一词来源于希腊语 allo,意思是"另外的",依据的理论是:治疗某种疾病意味着压制所有的症状。在这种模式下,症状被看作邪恶的闯入者,必须用药物阻击它们。或许你也经历过,压制症状只会导致身体用其他症状抗议。这种方法并不关注一个人内在的核心问题,而会让我们不再信任自己身体与心灵的智慧。

疾病取向的方法助长恐惧思维。在文化的熏陶中,我们中的大多数都习得了这种思维。结果就是,一旦我们感到疼痛,或者出现症状,自然而然就开始认为自己不对劲了,或者有什么地方从根本上坏掉了。

抛开这种对抗模式，我们会发现，人体天生就有一种能力可以自我疗愈，可以追寻并达到自我平衡。这种观点古已有之：它的出现早于对抗模式，几百年来一直是很多疗愈文化的核心理念。直到近些年，现代医学才开始证实：我们的身体本质上是能自我疗愈、自我调节、自我修正的。要证明人类具有无限的适应性，只需看看人体细胞的生物学现实。每时每刻，我们的细胞都在无休止地工作，努力把我们带回到平衡的自然状态。每一个细胞都是一个活跃的、动态的单元，不断调整自己去适应环境、寻找平衡。在身体追求完整的过程中，我们的细胞不仅能够治愈自己，还能够再生并替换那些受损的细胞。

以这样的方式看待健康的话，会发现我们体验到的许多"不愉快"其实是身体固有的机制在帮我们抵御外在的刺激。你感到恶心想吐，那是你的身体在努力排出有毒物质。恶心及呕吐，这些不舒服的症状说明你的身体正在努力适应新的刺激，正在与感染做斗争。你生病了，并不代表你出了问题，而是你的身体系统正在工作，以它自己的方式重新达到健康。

现在，想想看：要是你心灵的运作方式也是这样呢？要是，与身体一样，你的大脑在设计上是完美的呢？

你所有的情绪都包含生存不可或缺的信息。实际上，神经科学的研究发现，当一个人由于疾病或者创伤无法感受到情绪时，他就没法做出决定，无法进行社交，也没法过上有意义的生活（Damasio，2006）。或许痛苦与丧失不仅仅是人类的一部分，也是所有成长、转变及更替的基本组成部分。能够换个思路重新审视

● 拥抱你的敏感情绪

生命中的困难是成长的重要组成部分。

不管看起来多么有挑战性,你的情绪其实是你的盟友。愤怒教你果敢和勇于设定边界。伤心难过是一道门,通往慈悲与联结,哀伤帮你放下该放手的,从而去旧迎新,焦虑告诉你什么对你来说是重要的,嫉妒帮你看见你内心拒绝的是什么。

实际上,即便是"问题行为",也常常意味着在你强烈的本性中有一些东西是值得尊重的。你对某些愉悦的事"上瘾",比如吃东西,这种"瘾"其实也是一个容器,承载着你非凡的感官兴奋性,反映着你从生活中获得了多大的乐趣与愉悦。"工作狂"特质是你内在动力的指示器。慢性焦虑源自你的存在主义欲望:希望充分实现自己的潜能,表达你对生命的热爱。在某种意义上,所有的症状都在邀请你充分地表达自己。如果你能从这个角度认识它们,你就能够调整之前的错误方向,把你的能量用于自身的成长与扩张。

与你的身体一样,你的大脑也是一个很聪明、能够自我修正的机体组织,它一直都在努力地整合与成长。你的心理系统具有无限的可适应性,通过自身的创造力,它能够发明出各种各样的策略,警示你要不断地成长,并帮助你渡过难关。

所以,即使在生命的至暗时刻,也请尝试着挑战你刻板、狭隘的想法:你正在经历的一切都"糟透了"。不再批判,不再对抗,看看能否花一些时间好好地思索一下,这些困难是否还有其他的含义:它们或许还有一个更大的目的,而你还没有发现。

旧模式是线性的,认为症状是"不好的",必须根除;新模式认为这些问题都是一些信号,来自我们内心深处,提示我们要做出改变。我们的某些方式曾经是有用的,可以发挥作用的,但现在已经不再适用,甚至有害了。你天生就有智慧努力追求成长,追求自身的完满。你的情绪会一直强烈下去,但如果你认识到这些情绪危机是你自己成长过程中自然而然的部分,而不是什么"疾病"的症状,那么,面对生活的起起伏伏,你会感觉更踏实。当你认识到自己有疗愈和成长的能力后,心灵的平静就会出现,足以改变你的生命历程及使命。马丁·路德·金曾经说过:"人类的救赎掌握在创造性失调者的手中。"

 练习　倾听你的情绪

每一种情绪都自有其功能,哪怕是所谓的负面情绪。它们都在我们的生活中扮演着重要角色,要么在激励我们,要么在为必要的行动做准备,要么在提示我们有什么需要和愿望。

思考下面两个问题:

1. 想想有哪一次,你的情绪促使你采取了必要的行动?(例如,对某个决定感到焦虑可能是在提示你准备不足,或者你需要了解更多信息才能向前推进。你的焦虑能促使你采取行动:寻求帮助,收集更多信息,修订你的计划等。)
2. 最近一次是什么时候,你的情绪帮你克服了障碍或者推动你做出了必要的改变？（例如，在工作中感到烦恼，促使你为自己发声。）

在未来的一周，当你产生情绪时，思考其中可能会传递着什么样的信息。下面是一些小提示，但列出来的肯定只是一部分，请相信你自己的直觉。

生气

◂ 有人损害了我的权利，或者突破了我的边界吗？
◂ 我有什么样的需要被否定了或者打了折扣吗？
◂ 我要声明或者重建我的边界吗？
◂ 我是不是要调整一下我的社交及人际规则？

焦虑

◂ 我是否清楚地知道什么是我能控制的，什么不是？
◂ 对于我能控制的，我是否做好了准备？
◂ 我对当下的情形足够了解吗？下一步我可以采取哪些行动？
◂ 如果超出了我的控制，我是否能不再纠结于既成事实？
◂ 我最害怕的是什么？

惊恐不安

◂ 我是否把旧有的恐惧和当前的威胁混在一起了？

- ◂ 是否还有一些心理创伤冻结在时光里，需要我重提往事？
- ◂ 我现在已经长大了，是个成年人，我能做些什么保护自己呢？

悲伤

- ◂ 哪些是我需要哀悼并放手的？
- ◂ 我是否还抱有幻想，拒绝放弃"本来是可以的"这种想法？
- ◂ 怎样才能更充分地活在当下，拥抱眼前我所拥有的？
- ◂ 我是否一直很孤单，我是否需要多与人接触？

沮丧

- ◂ 我有什么期待还未被满足？
- ◂ 我是否一直在重复同样的行为或者关系？
- ◂ 我能否换一种方式告诉别人我的需要或者改变我的期待？
- ◂ 要改变我的生命历程，我需要寻找什么样的资源或者支持？

麻木、无聊

- ◂ 我对生活的某些方面是否缺乏兴趣？

- 我是否一直回避某些事、某些感受?
- 超然与冷漠是不是我的一种防御?
- 现在,我必须对生活中的哪一方面多加注意?
- 我要怎么做才能重新焕发活力?

喜悦

- 这是一种享乐主义的快感还是可持续的幸福?(也可能两者皆是。)
- 为了让我的生活更加充满希望、喜悦与活力,我还可以做些什么?
- 我的喜悦是否在指明我内心的呼喊?
- 关于我的价值观,我的喜悦说明了什么?
- 我是否太离不开愉悦感,当它消失的时候我是否会焦虑?
- 怎样才能一直保有童心,为创造力留一片天空?

驾驭生命中的起起落落

在阻碍我们向自己及他人敞开心扉的因素中,最重要的一点就是:严厉的自我评判。当令人失望的事或者危机发生时,我们难免会感到痛苦、失望、恐惧等。我们常常想去对抗这些感受,因而让痛苦倍增,我们评判、谴责、否认这些感受,认为自己"不应该"有这些感受。我们对自己毫无悲悯之心,不像是对待好友,更像是对待死敌。

许多情绪强烈的人都对自己有负面看法,总是认为自己做错了,或者自己有问题。当不好的事情发生,受伤或者生气的感受出来时,你可能会听到自己内心的批评声音:"我为什么要这么敏感?""我不应该大惊小怪",或者其他的"我不应该"。这些负面想法一开始是源自社会上多数群体对少数群体的压迫性观念,或者来自你周围人的评判,而现在在某种程度上,已经被你内化了。

或许,不能掌控生活的惶恐让我们如此害怕,以至于我们内在的那个还没长大、充满恐惧的自我需要在精神层面反反复复地唠叨,以求获得某些确定感。有一部分的自我认为,只要自我批评做得足够多,就能阻止坏事情的发生。尽管这样做既痛苦又错误,但一部分的自我仍然相信坏事情的发生是"我的错"(至少会比较熟悉这种感觉),而不愿面对生活吓人的不可预测的本质以及自己的无力感。遗憾的是,我们旧有的"舒适区"已经不再舒适;寻求控制、在理智层面的解释和在自我谴责中寻求庇护正是阻碍与封闭我们的罪魁祸首。

实际上,如果我们允许这些感受浮现并处理它们,大多数的感受在几分钟后就消失了。科学研究发现,我们抑郁情绪或者焦虑感受的体验期之所以延长,是因为我们的内心对话、内在紧张以及先占观念(我们应该有什么样的感受,不应该有什么样的感受)在为情绪能量持续地补充供给。我们越是对抗的东西,会存在得越久。其实,我们正是通过精神层面的唠叨,就像一张卡顿的破唱片,一而再再而三地唤起最初的情绪。

● 拥抱你的敏感情绪

有一位灵性导师鼓励我们"出离生活琐事,与能量相伴"。如果能把想法和评判与内心纯粹的体验分开,你就会发现这些强烈的感受只不过是一些能量,正在冲刷着你。如果你能站稳脚跟不被冲倒,你就会发现,情绪在本质上就是会变化、流动的,时而这样,时而那样。

建立情绪弹性就是锻炼观察力,能够用一种无偏见的态度观察自己最初的反应,不把任何评判、恐惧与拒绝加诸其上。生活中免不了会有痛苦失望,我们的目标是不去强化这些感受。相反,认识到变化是生命中唯一的永恒,开始把所有的体验,好的、坏的,都看作构筑你人生阅历的一块块砖,你就能把脚跟站稳。

仅仅通过观照自然,我们就能明白,世间万物,包括不愉快的感受,都是来了又去,我们的感知觉并不像我们认为的那般牢固不变。我们会发现,我们情绪的易变本质与世间万物类似,春天来了,春天也正在逝去。春花绽放,也正在凋谢的途中。因为语言的局限性,我们说起"秋天""冬天"来,就好像它们是固定不变的概念,实际上,你无法准确定位是在哪个时刻,秋天变成了冬天。我们的想法和感受也是一样的。一个想法升起,就已经开始淡去,除非你用否定和强迫性重复给它补充能量。倒霉的一天,困难的一段时期,糟糕的一段体验,当它们出现时,就已经在消散的路上了。

要把这些智慧用于处理紧张情绪,其中一个方法就是把注意力放在那些未经修饰的感官体验上。对于正在发生的事情,哲学家区分了原始特征(大小、形状、质量)和次生特征(颜色、声音、气味、味道），注意这些特征，它们作为元素构成万物的同时，也在不断分解和崩塌。你可以盯紧你的感受，只要时间够长，你就会看到它们失去形式与结构，消融，最终离你而去。所以，尽可能地，不要把任何感受或观念抓得太紧，安住于无常，实际上，所有的一切，不管多么痛苦或者快乐，都会逝去。

练习　在感官体验中找到避风港

1. 花一点时间，找一个地方来做这个练习。你可以坐着、站着、躺着，把注意力转向内在，从头到脚扫描你的身体。看看你是否正在经历某种身体感受或者情绪感受，它们可能是愉快的、不愉快的，或者中立的。或许你努力寻找也找不到任何感觉，没关系，只是去注意，注意那个没有任何感觉的感受。

2. 现在，有意识地想起一种适度的不愉快的感受。可以是轻微的恼怒、一点点的焦虑，或者身体疼痛引起的难过。如果是第一次练习，最好选择容易一些的。

3. 现在，集中注意力，想一件生活琐事，这件事助燃或者延长了你的坏情绪。比如："我很生气因为旁边的女人讲话太大声了"或者"我的痛苦永远都不会结束"。当我们注意到这些生活琐事时，它们通常会变得更有力量，并激发出一些新的想法，甚至新的感受，生气、恐惧、义愤填膺等，这些感受也可能引发更多的想法，形成一个循环。不管是什么样的想法或信念强化了这个循

● 拥抱你的敏感情绪

环，只是注意它们，不做任何评判。

4. 如果你能控制自己的思绪流，试着把它和未经处理的、基于感官的体验分开。不要停留在这些思绪上，让它们自生自灭，你只是去注意蕴含在感受中的来自内心深处的能量。当这种感受来临时，你的身体有什么感觉？有哪一个感官通道在呼唤你吗？如果有多个感官被调动起来，你选择一个，思索它的内容和质感。

◀ 是冷是暖？
◀ 是动态的还是静止的？
◀ 你能说出它的颜色、形状和质地吗？
◀ 你能用一幅视觉图像或者一个象征来呈现它吗？

5. 当你的注意力在这些感官感受上时，留意它们是否在改变，哪怕是细微的缓慢的改变。如果没有改变也没关系。我们的目标不是要对它们"做"什么或者赶走它们，而是与这些体验待在一起，观察它们是怎么运作的。

6. 继续观察这些体验瞬间生灭的本质，能观察多久就观察多久，直到你的感受自动消散。

7. 为下周定一个小目标，看看是否能在情绪产生的时候趁机增强你的情绪弹性。时刻提醒自己，你的情绪不是威胁，它只是一些能量，注意漫过身体的感官感受，哪怕这些感受并不愉快。你可以对自己说："一阵非常强烈的感受正在漫过我的身体，我觉得胸口发热，甚至有点疼。"

不要在意脑海中的喋喋不休（"我要死了""我受不了了"），提醒自己，这些能量是绝对安全的。允许这些能量流过你的身体，然后它们就会离开。即便是某些感官感受仍然很强烈，那也正好说明你还活着。做这些的时候，你不一定要喜欢或者赞同你的感受。你甚至可以对自己说，"我不喜欢这样，我不想要它，但它就在这儿，我要学着接受"。

慢慢地，你会发现，你不必害怕那些之前被你标记为"坏"的能量。它们只是一些能量。好坏只是标签。它们不会一直在，除非你自己没完没了的内心对话一直供养它。

最终，你能学会成功驾驭生命的波澜起伏。正如乔·卡巴金（Jon Kabat-Zinn，2009）所说，"你无法平息海浪，但你可以学会冲浪"。

向生活敞开怀抱

一旦为这些来来去去的情绪建立了内心空间，你就准备好向生命中发生的一切，向周围的世界，敞开怀抱了。

我们的大脑总是容易固执于一个念头：认为事情应该是什么样子的。然而生活处处是惊喜。事情发生了，总归会结束，物会亡人会死。现实就是，并不是所有的人都充满爱、值得信任，生活不总是公平的。不管我们多么努力去控制，我们都控制不了。

不管我们多么想要抓住确定感，我们的生活有一大部分都是我们控制不了的。

你需要练习，才能学会跟随生命的内在秩序。在掌握这个本领之前，我们对生命长河自然而然的反应就是紧紧抓住正在流逝的东西，不愿放手那些来了又去了的东西。大部分人总是回避面对最根本的无助感，而且在意识层面对此毫无觉察。知道未来会怎样给我们力量感，我们开始形成自己的判断和偏好，认为事情"应该"就是这样的。然而，如果我们让自己固执于那些"应该"或"不应该"的想法，那么生活中的惊喜就会变成威胁。我们忘了，那些期待和偏好最终只是我们大脑根据我们所掌握的有限信息捏造出来的。我们忽视了这样的事实：我们的所见所闻是有限的，有一些不在我们控制范围之内的力量，在我们的理解范围之外运作。实际上，我们的所思所想根本不是为了让我们控制，我们想要的不一定是需要的。如果我们与生活搏斗，不愿屈服于生命的自然流动，等待我们的只有失望与挫败。

向生活敞开怀抱的目的不是把世界变成你想要的样子，而是发展出一种能力来接受世界本来的样子。伟大的哲学家吉杜·克里希那穆提（Jiddhu Krishnamurti）在分享他的幸福秘诀时说，"你想知道我的幸福秘诀？那就是，我从不在乎会发生什么事"。练习扩展而不是收缩意味着你不再需要紧紧抓住你认为好的东西，推开你认为坏的东西。佛教典籍中说，世人总是容易被"八世风"裹挟：赞扬与批评，成功与失败，愉悦与痛苦，好名声与坏名声（Melander，2012）。拒绝生命之流，只会让你一直囿于对自己的狭隘视角，这反过来又会助长一种狭隘的信念：你生性敏感所以无法忍受生活。认为世界会给你想要的一切并不能让你摆脱恐惧与焦虑，这种享乐驱动的解脱是不可能长久的。真正的自由来自这样的信念：不管结果如何，你要么有能力处理，要么可以从中历练成长。不强求特定的结果（比如，我就想要那份工作，就想要与他合作），你才可以专注于增强自己的适应性，并从中获得成长。坚持练习，直到你能享受快乐而不执着于快乐，不担心快乐会终止，直到你在感受痛苦的同时能做到不再继续喂养痛苦。

尽管我把它称为"练习"，但其实，对生活敞开怀抱是一种思维模式，一种心理状态，一种生活方式，也是应对挑战的方式，它不仅仅指你"做"了什么。这并不是一件一劳永逸的事，它更像是一种意愿，带着这种意愿，你培养出一种对世界友好的态度，与这个世界发展出一种友爱的关系。不再没完没了地花费力气对抗现实，无论什么样的变化出现，什么样的事情发生，你都欢迎，平静地与它们相处，允许它们改变你。不断地扩展生命体验，欢迎来到你生活中的一切，最终，你会感到越来越自由。

你仍然会极度敏感，对周围环境感到紧张，不太容易接受周围环境，但是你不再把外部世界视为威胁，而是把它当作一片沃土，你有很多机会去成长、适应，变得更有弹性。

练习　学会片刻的开放

1. 回想生活中的某个时刻，你对某件坏事的看法发生了改变，也许那件事曾经伤害了你或者别人，也许它让你对自己或别人感到厌恶。这个时刻可能是有人让你受了委屈,而你决定原谅他,或者你改变了一些对自己的固有信念,找回了自我同情。这个时刻不一定非常重要或者意义非凡;开放并不复杂,就是你改变了对某人某物的想法或感受。那些一开始看起来像是残忍、失败及侮辱的东西,转而成为一个关键的学习时刻,或者宝贵的时刻,我们常常会在追忆某件事时看到更广阔的图景。

2. 想一想是什么促使你发生转变的。它们也许细微,也许深刻:或许你曾被自然深深地触动,或许是一首优美的诗激发了你,或者是一曲动听的音乐。或许,你改变心意是因为想起了眼前这个人所有好的地方。或许,你突然发现那个委屈你的人也有脆弱的地方。

3. 现在把你的注意力集中在心脏区域的感觉上,看看能否在这种感觉里待一会儿。想象你的心脏在呼吸。如果你能深切地关注到你身上发生的变化,你会发现,有一部分的你正感觉到温暖、明亮、开阔。这种温暖感与激情是你敏感性的核心,也是你之为你的核心,情绪的起起落落就像浮云飘过,浮云之下的你泰然自若。当你能够不再坚守一种僵化的顽固的负面观点,当你能够从恐惧和愤怒转向爱与慈悲时,请紧紧跟随并完全吸收这种感觉。

4. 现在,换到你当下就对之有不好感受的另一件事、另一个场景，或者另一个人。思考下面的几句话，你可能想要大声念出来，或者一边写下来一边仔细想。

★ "现在，我知道这是件不好的事。然而，我也相信有其他的可能性，比如，说不定它也有好的一面。

尽管我并不知道有什么样的礼物或者经验蕴含其中，但我决定敞开心胸去迎接新的可能性，事情的发生或许自有其价值。"

★ "或许，我的负面感受是一个信号，提示我不愿付出爱与慈悲。或许，这个人进入我的生活，本身就是我成长或者疗愈的一个机会。或许，这件事发生了，正好可以借此机会看一看我生活中一再重复的模式是什么，我需要做哪些改变。"

★ "命运既然有这样的安排，那么我需要拓宽视野，跳出眼前的情形，透过表面现象，从更宏观的角度去看看发生的一切。尽管这令人烦恼/失望/担忧，尽管我不清楚为什么会这样，也不知道该怎么办，但我仍然相信，这些体验自有其价值。"

★ "我愿意在这件事上尝试更多的可能性，有更多的视角。"

5. 放松，让这些思绪沉入你的潜意识。做这样的心灵练习就像是种下一颗种子，你要相信，这颗智慧的种子会渐渐发芽长大，甚至你自己的意识都不一定知道。

6.最后，祝贺自己花时间训练了自己的心理适应能力和心理弹性。

相信生活

练习着向各种人生境遇敞开心胸，说起来容易做起来难。很多人都发现，去信任一个比自身更伟大的事物，这是建立情绪弹性的必由之路。

近些年，心理健康的临床工作者和研究者开始证实，信仰可以影响一个人的幸福。经验研究发现，以某种形式信任某个比我们自身更伟大的存在，能够帮我们应对生活的冲击，比如自然灾害、疾病、生离死别等。信任不是膜拜某个神，而是心怀信任之感，相信生活的发展是遵照着某种我们无法感知的、仁慈的宇宙法则的。就像史蒂夫·乔布斯（Steve Jobs, 2005）提醒我们的，"你无法将未来的点点滴滴连接在一起，你所能连接的只有过往的点点滴滴。所以，你只能相信，在未来某一天，所有的点滴都会连在一起。"

相信生活不只是个概念，而是一种持续不断的练习。你会发现这个练习可以帮你更深入地了解自己，找到你可以依靠的源头，指引你在这个忙乱、不可预知的世界中前行。有人称这个源头为上帝，有人称之宇宙、神圣心灵，或者就简单称为"超能"。

所有的心理训练都包含着培育一种态度：屈服、放手、接纳、相信"存在即合理"、顺从上天的安排、相信因果报应，或者相信神圣秩序。找到与你自己共鸣的用语很重要。即便是你的头脑还没办法理解它，你也可以选择相信，有人，或者有某种东西，照应着世间一切。这样定义的话，灵性并不是宗教，而是一种信任感，对自然秩序的信任。

学会相信生活可能需要你从"亲职化儿童"的生活模式中退出。许多情绪敏感的人常常自动承担家里"小大人儿"的角色。亲职化的出现是因为孩子被放在一个特殊的位置上，他们必须"超速"成长，他们担负着巨大的责任，或者他们必须做自己父母的父母（参见第5章）。有天赋的孩子由于天生的能力，自动就担起了这个担子。很多富于同理心的孩子，因为他们的温暖、慈悲以及超出常人的深情，其他家庭成员慢慢地就会在情绪上依赖他们。亲职化的孩子在成长过程中常常高度警觉以及过度负责。人们习惯于他们做那个保证一切正常的人，他不但要为自己的需要负责，还要为他人的需要负责。这样的感受被固定在他们的身体里：如果他们放开控制轮，哪怕一分钟，就会出乱子。

对于情绪强烈与敏感的人来说，当坏事发生时，放手，对生活必将提供的无限可能敞开心胸，通常是最艰巨，但也是最需要的一堂课。我们大多数人都很难放弃控制，因为一个根深蒂固的信念：我们必须努力工作，才能挣得自己所需，才有能力在这个匮乏的世界上与人抗争。通过多种渠道，这样的信念被种在我们

> 拥抱你的敏感情绪

心中:生活不容易。因此,修改我们大脑的神经通路需要有意识地坚持练习,需要谦逊与耐心,需要持之以恒地练习放弃固有的观念。选择在"心情不错的时刻"练习会容易一些。人类在不断地进化,但我们的一部分大脑,我们称之为边缘系统,在很大程度上仍然在非常原始的水平运作。它很容易就受到惊吓,常常充满担忧,偏好负面感受。这一部分的大脑是哺乳动物特有的,服务于生存目的,当它把心理环境与受伤威胁混在一起时,它会踢蹬、尖叫、惊恐发作。好笑的是,就算你穷尽所有选择:逼迫、要求、担心、战斗,也可能都没有用,到最后,放手、屈服于现状通常是唯一奏效的办法。

有时候,在你完全把局面交给某种超出你的感知能力的不可预知的力量后,僵局反而会化解或者好转。如果你正苦苦纠结于生活困境,或者不喜欢你自己的某一个方面,你已经想尽办法改变却还是一无所获,那么,或许是时候尝试一下这种做法了:世间万事万物的发生自有其道,现在没发生是时机未到。与世间万物一样,人的生命也会经历春华秋实,也有自己的周期。或许,现在还没到收获的季节。你不会要求灌木长得像乔木一样高,你也不会要求一朵花改变自己的颜色,那为什么对你自己提出这样的要求呢?

练习　信任盒

下面这个简单的练习你可以现在就做,练习放手与信任生活。这个练习的灵感来自作家托莎·西尔弗

(Tosha Silver,2016),她把自己所有焦虑的事情(例如问题、困惑以及担忧)都放进一个她称为"造物之盒"的盒子里面。她把自己的担忧、焦虑写在小纸片上,塞进盒子里,之后就只需心怀感激,感谢那即将出现的完美的解决方案,尽管她现在并不知道会出现怎样的方案。

我们的练习与标准的认知行为技术中的"焦虑盒子"(这个技术自有其用武之地)技术不太一样。这个练习对一个人精神层面上的要求要更高一些,它带领一个人通往更深层次的宁静,不只是暂时的放松。其实,你放进盒子里的每一张小纸片都是在对生活及你自己的信任投票。反复练习,会帮助训练大脑中已有的神经通路,或者产生新的通路。坚持这个常规性动作,会帮助你的哺乳动物脑学会平静,慢慢地,你就不再那么急于知道、控制,想立刻就得到你想要的结果。这个练习还有另一个好处,假以时日,你会收集到大量的证据,证明世间万事万物自有安排(如果遇事你能有"今天解决不了那我换个时间再说吧"的态度,那么通常你也会体会到同样的好处)。坚持练习几周或者几个月,回过头再看盒子里的东西,你会发现,哪怕是一定要"眼见为实"的理性左脑,也可能会有所感悟。

学会向生活敞开心胸会带来即时而持久的好处。最终的目标是让你能够相信：世间万事万物都是"经由你"而发生的，并不是你让它们发生的。当你不再时常受到恐惧、担忧以及求生冲动的袭扰，你的大脑才能够腾出空间去处理真正重要的事：你的自我实现之旅。它可能是成为最好的爱人、伴侣、朋友，或者最好的你自己；可能是重拾你的创造力；可能是与你的天赋重新联结，充分发挥你的潜能。具有了信任生活的能力，你获得的不是短暂的幸福，也不是享乐主义的快乐，而是深刻的平静和持久的喜悦。

第 10 章

了解真实的自己

做回真实的自己

有多少年了,你一直在试着融入人群而不得?为了和别人一样,你已经做出了多大的牺牲,忍受了多少痛苦?

有时候,你胸中涌动的拉力如此强烈,情绪如此激动,以至于你都觉得这是一种缺陷或者负担,想要摆脱它。否认自己的天赋,否认自己的声音,你或许已经想尽办法努力向自己及别人证明你有"多正常""和别人一样",却总不能如愿。**然而,想要自由,你必须了解真实的自己:以你自己的独特性为基础,对你自己充满信心。**

在这部分,我们将着手处理这个问题:作为一个情绪敏感、强烈和天赋异禀的人，怎样才算是自由而真实地活着？纵观历史，许多哲学家、神学家、社会理论家及思想家都研究过真实地活着这个理念。比如，存在主义哲学家海德格尔（Heidegger，1995）认为，我们大多数人的生活方式都是为了抚平孤身一人来到世上的存在焦虑。不去有意识地思考的话，我们常常不自觉地让自己的生活遵循"他人"的观念；我们以"他人之我"的方式生活，我们这样做仅仅是因为"别人也这样做"。对抗这个"他人之我"，可能意味着要冒被拒绝被孤立的风险，所以大多数人都低头认输，小心翼翼地活。然而，如果我们不加质疑地全盘接受这些观点、规则和标准，最终自己也会相信"他人"的看法决定着我们是谁。如果真实的自我麻木了，我们也就丧失了活力。

做真实的自己意味着不再不加思考地盲从。海德格尔（1996）把召唤内心的真实称为"对良知的召唤"，不是指道德层面，而是说，我们每个人最终极的责任是拿掉外部世界赋予我们的期待，让我们的存在与真实自我一致。不加辨别，墨守成规地活就是在用虚假的平静感麻痹真实的自己，存在主义心理学家称之为"不真实的平静"。因为不真实，所以这种平静很容易被打破。那种烦躁不安的感觉来自你的内在，你需要从内在寻找答案，答案就是承认自己是个在情绪上敏感、强烈、天赋异禀的人。

作为人，我们都不自觉地倾向于用眼睛去寻找，并且认为找到的就是我们想要的东西，但有时候那并不是我们的心灵真正需要的。D. H. 劳伦斯（D. H. Lawrence，1923）就指出："如果一个人只做他喜欢的事情，那么他是不自由的……如果他做的是自己最深层的真我喜欢的事,那才是自由的。而且,你是可以找到最深层的真我的,只要潜得够深。"因为我们最真实的自我深埋于内心,想要自由,就必须放弃假象,不再做我们"认为"自己喜欢的事情,而要寻找真正的精神需要,哪怕这会让你与世俗对立,成为小众。

之前你可能已经听说过"真实需要勇气"。的确是这样,做真实的自己,尤其是当你的人生路异于常人时,这会激起一种混合着恐惧、孤独和不确定的感受。做出这样的选择一开始是很让人害怕的,因为这意味着你要"杀死"旧的自己。这个过程堪比死亡与重生,你必须放弃某些幻想与期待,不再去想"本应该是什么样"。你需要坚定地远离一切与你的真我不一致的东西,这意味着某些关系,以及某些关于你自己的观点都要放弃,而且,在你为自己在这个世界上找到新的、真正的位置之前,你或许真的要暂时经历一段时间的孤独与空虚。

然而,你会发现,越早开始,你的恐惧会消失得越早。坚定无畏地做真实的自己,会带来强烈的、令人信服的清晰与安心的感觉,有时候,知道自己正在做着正确的事,心中会突然涌起一阵幸福喜悦。在这个时刻,你知道你必须迈出这一步,尽管有时候你的认知大脑仍然反对,你会慢慢体会到,被一种高于你的神圣力量指引是一种什么感觉。渐渐地,生活步入正轨,你会发现,做你必须去做的事,而不是你"想要"做的事,这个选择也并不难。

总是被人说"太过了"对你造成了创伤,要想愈合,唯一的

● 拥抱你的敏感情绪

办法就是充分认可你自己是一个在情绪上有天赋,比别人的情绪更强烈的人,拥抱你独特的需要和愿望,不要退缩,也无须感到抱歉。在汉斯·克里斯蒂安·安徒生(Hans Christian Andersen)的童话《丑小鸭》中,主角并不需要"做"什么去让自己变成英雄。从第一天起,这只"小鸭子"就一点儿也不"丑",只是周围的鸭子根本不认可它自然本真的样子。这个故事就是它揭开层层伤口,最终发现它自己的过程。就像丑小鸭一样,你或许也曾认为你自己应该像其他人一样地思考、感受和行动。为了避免批评或者更好地融入群体而压抑真正的自己,虽然这样做似乎可以获得片刻的"安全",但最终除了灵魂上的病痛之外你什么也得不到。说到底,做自己是你与生俱来的权利,不要躲躲藏藏过一生,用你的内在力量去重新书写关于你自己的故事,写下那些迄今为止所有你认为的真实属于你的故事。从本质上看,这是一个与你自己重新联结的过程,找回之前被你回避与否认的那一部分自我,触碰最深的自我。

下面的一段文字摘自安徒生童话《丑小鸭》,是这个故事美丽结局的一部分,希望你能从中获得安慰。

"要是只讲可怜的丑小鸭在这个严冬所受到的困苦和灾难,那这个故事就太悲惨了;当这一切都过去后,一天早上,它发现自己正躺在一片荒野上,周围是湍急的水流。太阳暖暖地照在身上,它听到云雀在歌唱,它环顾四野,发现美丽的春天来了。

这只年轻的小鸟感觉它的翅膀是如此强壮有力,在身侧轻轻一拍,就把它送入高空了。"

——安徒生,1995

找回真我之路

要接受自己天生就是一个情绪敏感、强烈、天赋异禀的人,需要历经几个典型阶段,下面这个模型概括了这几个阶段。这个过程要求你不断尝试着更开放一些,对你自己及他人都更真实一些,更多地展示自己脆弱的一面。你必须不断调整你的自我意象及行为,最终能在你自己的价值和社会要求之间达成平衡。你成长环境中的个人因素,从当下的环境到你所处的文化氛围,都会影响你走过这些阶段的步伐及速度。尽管它看起来像是一个线性模型,但找到并拥有真我不是一蹴而就的事,而是持续一生的过程,而且没有做对与做错之分。

第一阶段:尚未觉察

在这一阶段,你尚未觉察到自己与别人有什么不同。你还没有发现自己独特的品质,换句话说,你认为自己是主流人群中的一员。没有任何参照点,所以你认为每个人都和你想的一样,有一样的感受,反之亦然。当你试着与别人保持一致时,或许就会压制某些浮现于内心又与文化常规不一致的想法或感受。然而,既然敏感和情绪天赋通常是天生的,那么你可能在很小的时候就感到自己"和别人不一样",这就进入第二阶段。

第二阶段：觉察

进入到这一阶段，你开始注意到自己有一些特质或者倾向，使得你和别人不一样。比如，你发现自己会对某些主题或者会因为某些原因产生非常大的热情，或者体验到一种极致的迷恋。随着你慢慢成长，情绪也越来越深刻，你开始主动地，从人格类型到信仰系统全方位地思考：你是谁？如果你所处的环境不支持个人天赋和与众不同，比如很多文化都崇尚集体主义、传统习俗及整体统一，那么你可能会对自己的独特品质感到不安。另外，你还可能感到内疚、羞耻，对未知的未来感到恐惧，这都不奇怪，相应地，你可能会学着发展出一个"假自我"，你会遏制自己自然自发的兴奋所引发的外向行为，或者把它们藏起来，从而让自己更合群。

第三阶段：矛盾挣扎，构建新的关于自己的故事

在第三阶段，你开始寻找那些能够解释你的生命体验的知识。通过阅读、搜索网页，或者其他渠道，关于同理心、高敏感和情绪天赋，你可能会发现一些极具启发性的信息。这些探索会让你构建出一个新的故事，来重新定义你是谁以及理解你的生命体验。你的新发现不止让你眼界大开，同时也在疗愈你，因为渐渐地你会发现，尽管属于小众群体，还是有人和你一样。

在内心深处，或许你仍然在接纳或拒绝情绪敏感之间玩跷跷板。或许你开始部分地而不是全部地接纳自己的本性。比如，你会认为因为一部电影哭泣是可以的，而对遥远的过去伤感不行。

一部分的你或许依然认为敏感的特质是"不对的""自私的",想确保借助于药物或治疗,有朝一日能"克服掉"这个毛病。

你可能害怕以后会与社会疏离。刚刚意识到周围的人与你的感受、想法都不一样,你可能会害怕被家人、同伴或者全社会排斥。甚至你可能会对自己的与众不同感到内疚,觉得自己背叛了养育你的人。当你开始以新的自我与他人打交道时,或许还会有障碍,这些障碍来自你的低自尊、害怕暴露以及内化了的羞耻感。如果你与人交往的体验压倒性地全是负面感受,那么你可能会选择减少与外部世界的接触,认为你的敏感意味着你不可能有正常的社交生活。如果你总是用"躲藏或退缩"这些破坏性行为来压制真实的感受,那么你到最后就只剩下内在的空虚感,不太确定自己是谁、活着的目的是什么。

当你觉醒,开始意识到自己在情绪及同理心方面的天赋时,你会发现,生活较之以前有了更多的可能性,但要拥抱新的可能,你必须放弃那些不再有用的想法与期待。对未知未来的害怕,尤其是害怕他人的拒绝与嫉妒,可能会让你羞于展示自己的力量。正如玛丽安娜·威廉森的一句名言所说:"我们最深的恐惧不是我们不能胜任某事,我们最深的恐惧是我们的力量不可估量。是我们身上发出的光,而不是我们的阴影,最让我们感到害怕"(Williamson,1992)。

要前进到下一阶段,你必须完成的任务是:拥抱你的局限性,同时也拥抱你的力量,重新审视你自己,改变你的价值体系,活出生命的意义。

第四阶段：与世界建立新的联结

你开始认识到，拥抱真实的自己不是一劳永逸的成就，而是持续不断地在你的价值观、你的行为以及这个世界对你的看法之间摆荡。就像在前一阶段一样，"我可以相信谁？""我对自己的认识有多少？"这些问题仍然萦绕心头。你开始着手解答这个问题：面对这个世界，你如何才能既保持开放与真实又不会过于天真？

离开了主流大众，你会对周围的人更有分辨力。现在你更在意友谊的质量，而非朋友的多少。情绪深度可与你匹敌，能够支持你的朋友或者伴侣是无价之宝。通过真实的或者虚拟的交流，你能够分辨出哪一种模式是积极的，并加强你们之间的纽带，这些会开启一段疗愈之旅，治愈你在之前的关系世界中留下的创伤。

一旦认识到，你的需要与社会的道德标准及爱与成功的标准不一致时，就是时候重新商定你的社交及家庭边界了。牢牢记住并坚信：对于那些不欣赏你的独特品质的人，你有权利减少联系，当你剪断一些联结，离开那些限制你的关系后，你的社交圈子可能会改变。这种重建可能不局限于社交方面。甚至你可能会觉得，在生活方式或者职业方面也必须做出改变。

慢慢地，你会明白并相信，你根本没有什么错。这种认识有时候会激起你的愤怒，自己曾经怎么那么能忍。为了好好利用这部分能量，为了前进到下一阶段，你可能要把它转换成动力，推动你做些积极的改变。有感于你自己的故事，你或许觉得自己有义务支持那些和你一样的人，他们由于敏感及天生的情绪天赋而被社会排斥、被边缘化，并贴上病理性标签。

第五阶段：归真

到了这个阶段，你把了解到的与自己有关、与自己的敏感有关的内容整合进对自己的认识，形成凝聚的自我认同。接纳你自己与众不同这一事实，同时你还能感到与外部世界有着深刻的、有意义的联结，并欣赏这一联结。

你与他人既有相同之处又有不同之处，你既想要与众不同又想要融入人群，这些会带给你紧张感。收获了情绪上的成熟，你将能够轻松应对这种紧张感。虽然污名化、不公正、不理解仍然伴随着敏感，但是你不再觉得世界是战场，你正在与其他"不敏感的人"鏖战。

你还会把敏感看作个人整体的一部分、身份认同中的一块儿，而不是整个的你。你会感到你的人格既丰富又充满流动性，你不只是一个情绪"敏感""强烈"或者"天赋异禀"的人。

作为芸芸众生中的一员，你对自己的身份认同充满信心，不再需要"假自我"。尽管还会有一些场合，你会选择尽量少展示你自己，但你会找到一个安全的地方、几个可信任的朋友，能让你尽情做自己，做一个情绪强烈、理想主义、动力十足、容易激动兴奋的人。

在最理想的情况下，你还会觉得自己被某种使命感驱动，这种使命与你的天赋相一致，并且，有一股内在的力量推动你去做其他敏感之人的积极榜样。积极主动地捍卫你所相信的一切，这

- 拥抱你的敏感情绪

也为其他敏感的人开拓出一条道路,帮助他们在这个世界上茁壮成长,让这个世界能够看见并欣赏他们的天赋。

练习　每次前进一小步

你发现自己在上述模型中的哪一阶段呢?上面呈现的过程看起来好像是线性的,但实际上是螺旋上升的。在前进的过程中,你可能会发现自己有时候前进有时候后退,甚至有时候既在这个阶段也在那个阶段。

问问自己:在接下来的 24 小时,如果朝着拥有真我的方向前进一小步,我能做什么?

迈向真实的自己要求一个人有积极而持久的立场,坚决地捍卫自己的选择自由,绝不要被大多数人的观点左右。一开始你不一定要大张旗鼓。就像杰夫·奥尔森(Jeff Olson)在他《积沙成塔》(*The Slight Edge*,2013)一书中说的,正是那些微不足道却持之以恒的行为带来了巨大的改变。这样做的人正是用到了复利的力量来产生最大的影响,永远地改变了生活。

想一想有哪些行为可以反复强化真实的你。比如,拒绝社交活动,在安全的氛围中表达你的真实感受,或者允许你自己对某人某事有强烈的热情而不是压制它。从你可以做出的最微小的行为开始。可以微小到只是去研究某一主题。这样做是把你的目标分解成最小的步骤,然后开始,保持不断前进的势头。

最终，你或许会，或许不会有大动作。你或许决定要告诉朋友及家人，一个有情绪天赋的、敏感的人是怎么回事，决定去捍卫那些和你一样的人，或者参与人道主义运动，积极利用你的同理心、天赋与激情。不是说你必须这样做，但这是你在这个世界留下的印记。仅仅通过展示真实的自己，就表明你也允许其他人这么做。

最后，你行为背后真实的情绪比你实际做了什么更重要。当你下一次遭受嫉妒的折磨感到不舒服时，提醒自己，"这是他们的生活，不是我的，我有我自己的道路。"或者，你可以重复奥斯卡·王尔德（Oscar Wilde）的名言："做你自己，因为别人都有人做了。"这么做一开始可能会有点尴尬，显得很机械，但某种程度上，你的潜意识大脑会接收到你传递的信息。成为真实的自己不是件容易的事，尤其是一开始，所以要向这么勇敢的你致敬，并且不断地告诉自己，在这条路上，你所走的每一步都深刻而必要。

在下面的章节，我们将进一步看看如何过一种真实的生活，以及我们的思维模式可以有什么样的转变，你可以采取哪些小步骤，让自己更靠近目标。选择做真实的自己始于你的觉知及生存方式的转变，这反过来也会影响你在日常生活中与外部世界打交道的方式。完全诚实地对待你的"身体我"与"感受我"，聆听它们在说什么，这样你才能身心合一。这的确是一场信任大冒险，

> 拥抱你的敏感情绪

但它不是毫无根据，你的热情、你的情绪都会稳稳地指引着你去信任。

在日常工作与生活中让心流永驻

如果常规不适用

积极心理学家把"心流"定义为"最佳的意识状态，觉知到最好的自己，做最好的自己"（Csíkszentmihályi，1996）。心流的概念在人文哲学与灵性信仰中早已存在，许多伟大的思想家、艺术家，以及努力寻求理想生活的人都秉持此念。在西方，我们称之为"心身归位"（being in the zone）。米哈里·契克森米哈赖（Mihály Csíkszentmihályi，2004）在他著名的 TED 演讲"心流，幸福之秘诀"（Flow, the Secret to Happiness）中，把心流描绘成一种狂喜的感受。此后，越来越多的研究发现都支持：心流状态是生产力、创造力和幸福的基础。

要获得心流状态，我们必须要在技术水平和即将面对的任务的困难程度之间找到一种平衡。最佳表现其实是找到"最佳平衡点"，也就是你的技术水平与面临的挑战之间最匹配的点：如果任务过于简单，你可能会觉得不耐烦、空洞甚至抑郁。如果任务太难，你可能会因为焦虑而退缩。这两种情况都达不到心流状态。

理论本身听起来很直白，然而作为一个情绪强烈的人，找到你的最佳状态并不简单。如果你对挑战与刺激的"本能需求"与常人不同，那么其他人可能会对你选择的生活方式感到惊讶，甚至害怕。如果没有足够的自我觉知及坚固的自体感，就很容易受他人意见的影响，最终陷入迷惘，不知该怎样过自己的人生。

在觉知力方面的天赋，使得你自然而然就能看见并感受到其他人看不见、感受不到的东西，这一点已经显示在你生活的方方面面。在情绪上，你会强烈地感受到激情与浪漫。有时，当你表达自己的感受或者亲密的需要时，他人还没有准备好。在智力上，你可能会对各种各样的主题都很兴奋，好奇心爆棚，学习的动力十足，理解知识的深度和广度让其他人望尘莫及。在感官体验上，自身的某些经历或许会给你带来非常强烈的愉悦感，以至于忘乎所以，不能控制自己。很久以来，你或许都在奇怪，为什么其他人看不到你看到的，感受不到你感受到的。

要达到最佳状态、获得最好的生命质量，你的情绪与身心的基调必须符合你所选择的生活方式：从你希望花多长时间进行知识性思辨，到你的睡眠时间、工作时间，以及你要与人建立什么样的关系。如果之前由于"常识"或者"常规"在自己身上不适用，你已经发展出来的一些更高级的能力或者情绪变得更强烈了，那么要找到自己的心流就尤其困难。比如，为了不在工作中感到无聊与空虚，你可能需要提高自己的心智复合度，即使白天的工作已经很累了，你还需要晚上听一些讲座来滋养心灵。或许是你觉得有趣的事情与别人不一样。或者，你需要更多的体力运动来保持活力，你的不安通常不是因为焦虑，而是周围环境刺激不够。这些方面的强烈度绝不代表着你比别人"好"或者比别人更优秀，因为你可能在其他方面是有局限性的，比如，没办法静坐，或者长时间保持专注。

下面提供一些策略,或许能帮你找到"最佳平衡点",从而达到最佳状态,不管是在生活中还是在工作中。

1. 培养与自己的亲密关系

每个人在工作中达到最佳状态的方法都是不一样的,像指纹一样独一无二。

要想知道自己最真实最独特的需要,就必须培养与自己的亲密关系。你必须发展出自我反思的能力。或许,你可以把自己想象成调查员,时常对自己的内心状态保持好奇,仔细观察各种活动、各样环境、各色人等是怎么影响你的。试着记下或者在心里记住你在不同环境下的表现。你也可以尝试正念练习,或者定期进行反思,练习着成为一个善于内省的人。

2. 过滤掉"大众的声音"

作为一个情绪强烈的人,学会过滤掉"大众的声音"很重要。你的需要不同于根据"常识"推断出的需要。当诸如"你太过了""你需要休息一下""真不敢相信你真的这么干了"的批评或者评论出现时,尤其要多加注意。传统观点不一定总是对的;有一种错误的假设:"应该这样做,因为我们一直都是这么做的",哲学家称为"从众的吸引力"。当有人告诉你"你要……"时,不要轻易相信,先评估一下。不管别人多么好心好意,他都不可能充分了解你独特的身体和心灵构造,以及你的愿望与志向。

实际上,你不必排斥你自己喜欢的东西,也不必为了大众的评判而去做什么，你不必把自己的洞察公之于众，也不必把你的喜好广而告之。你所要做的，就是保留你的好奇心，对来到你生活中的一切保持好奇，认识到世界呈现在你面前的是一个又一个学习的机会。你有权利不去理会那些不适合你的东西。

3. 真诚而慈悲地对待你自己的局限性

真实就是"放弃你想成为的样子，做真实的自己"。在寻找你自己的理想蓝图，过上最佳生活的过程中，你将会面对自己的局限性。在与原原本本的自我相遇时，对自己慈悲，这就是非常有勇气的做法，不多也不少。带着真诚的、自我悲悯的态度，你会获得耐心与智慧，从而不受别人意见左右，找到你自己的位置。

4. 时常拓展一下你的舒适区

真诚对待自己的局限性很重要，但是缺少刺激的生活也不算圆满。要找到自己的巅峰状态，你需要时常提高一下挑战量级，不论是在你的练习中增加多样性还是进一步深化，都可以。在《超人崛起》（*The Rise of Superman*，2014）中，心流专家史蒂文·科特勒（Steven Kotler）提出 4% 原则：新的挑战应该在你目前的技能水平上提高 4%。这个小量级的增加会让你的身体和大脑在集中注意和学习方面处在最佳状态。换句话说，你要离开舒适区才能发现你自己的地盘有多大。

5. 重拾你的好奇心

作为一个有情感天赋的人，你天生就富于好奇心，喜欢刨根

> 拥抱你的敏感情绪

问底。然而,我们生存的社会奉行犬儒主义,常常把好奇心贬低为幼稚。我们害怕自己看起来太蠢,久而久之就不再保持开放。现代教育鼓励批判性思维,然而其所带来的副产品:吹毛求疵及犬儒主义有百害而无一利。这一点在我们生活的方方面面都看得到。从电视上的真人秀到现实中的社交场,几乎无一不带着讽刺的意味。想想看你是否能够回想起,上一次是什么时候,由于害怕出丑你不敢让自己太兴奋太好奇。

练习　重返课堂

重新找回你天生的对知识与学习的热爱,选出你愿意寻找答案的 10 个问题,列一个十问清单,这些问题可以是你小时候感兴趣的,也可以是你成年后感兴趣的。可以是任何问题,大到宇宙的秘密,小到怎么做一块完美的蛋糕。然后,花些时间去找答案,尽量享受这个发现之旅。在你探索的时候,请牢牢记住这句座右铭:"求知若饥,虚心若愚"[这是拉什米·班萨尔(Rashmi Bansal)一本书的名字,2005 年乔布斯在斯坦福的毕业典礼演讲时引用了这句话,此后被广为传颂]。

寻找心流是一个错综复杂的过程,其中必然会有一些试错。但这些努力是值得的,因为你的意义感或者生命质量有可能会因此得到极大的增强。你不必已经"达到"顶峰,但当你保持心灵的开放,认可自己的天赋与优点，积极努力成为最好的你时，你就已经处于最健康的状态。

 练习　拿掉那些"应该"

要找到是什么东西阻碍了你做真实的自己，第一步就是标识出你生活中的那些"应该"。我们很多人都受困于这些"应该"或"不应该"的信条，而这些信条都是因为别人不完全明白我们是什么样的人才为我们设定的。这些"应该"有时候很隐晦，有时候很明显。通常来自外部世界，但有些也已经被我们内化进内心了。无论何时，如果你听从于"应该"而不是自己的直觉，那你都是为别人而不是为自己活。尽管或许感觉并不难，也很熟悉，好像是明显要做的事，但根据"应该"做出的选择都会让你远离喜悦感、深深的圆满感，以及敬畏感，这些是你作为一个情绪强烈的人，真实地活着就会感觉到的。

下面是一个快速的练习，帮你发现并扫除那些本不该在你的生活中占据一席之地的"应该"与"不应该"。

1. 拿出你的日记本，留出一段时间，找一个地方，开始我们的练习。
2. 写下你能想到的所有"应该"与"不应该"。如果你不知道从哪里开始，那么想一想你在当下生活中面临的挑战可能会有所帮助。你正在面临一个特殊的困境或者难以抉择的时刻吗?与此相连可能会有什么样的"应该"与"不应该"?比如:"我想离职,但我不应该这么做,因为这么做代表着不负责任。"

3. 现在,我们可以再深入一些,找找这些说法背后的原因,看看你下意识的思维加工过程是怎样的。试着用"因为"把这个说法续下去,例如,"我应该去参加这个聚会,尽管我并不想去,因为(我觉得这意味着我是某某的好朋友)",或者"我应该维系这段关系,因为(我之前承诺过)"。

4. 然后,看看能否识别出这些原因背后的更具个人价值或更个人化的原则。你的个人价值系统应该包括一系列你认为对你来说很重要的美德。比如:善良、诚实、忠诚、有创造力与自主性等。这些美德是你性格的核心,当你的行为与你最在意的品质相符合时你会感到最舒心。比如,你会说:"我要维系这段关系,因为我曾经做出承诺,而忠诚是我的美德之一。"在理想情况下,你的"应该"与"不应该"背后有你重视的原则与价值在支撑。现在,如果你在续写"应该"与"不应该"时,"因为"后面是一个空泛的原因,比如"因为别人都是这么做的",或者"因为事情就是这个样子的",那么，请进一步检视这个原因。这个信念就是你从外部世界引入的，它不一定符合你自己独特的价值系统。

5. 从上一步找出的信条中选择一条，问你自己：真的是这样吗？我是怎么知道的？我什么时候，从谁那儿，怎么知道这个的？一条一条搞清楚。你可能要花一点时间追忆过往岁月，研究这些信条的起源，检查它们是否仍与你当下的生活有关。

6. 现在，花3分钟，在内心体会一下，当你扔掉那些"应该/不应该"后，有什么样的感受，在情绪上及身体上都体会一下。缓慢地、仔细地、专注地玩味一下这时的感受。你并不需要立刻采取什么行动或者做出什么改变，所以，放松。这个练习的目的仅仅是让你的心灵做一个热身，慢慢地为新的可能性腾出空间。

7. 试着想象一下，没有了这些"应该"与"不应该"，你的生活会有什么不同。很有可能你从来都没有好好思考或选择一条与你当下的生活不同的道路，因此，这一步可能会带来一些焦虑。看看你能否带着轻松与玩笑来面对这些焦虑。思考下面的问题：如果我从来就没有这些信条，我会做出什么不一样的选择？一切会有什么不同？我会在哪里？我会在做什么？看看脑海里能否出现栩栩如生的画面。

8. 就上面的练习，在你的日记本上记下你的心得。你不一定要在此时此地就决定自己是否要扔掉这些"应该"与"不应该"。仅仅让自己保持开放，接纳顿悟的出现，相信当时机成熟时，必要的改变总会到来。

安全地表达真实自我

作为一个情绪上有天赋的人，你生活在世界上的方式以及看世界的方式是非常独特的。纵观历史，一直都是富有情感天赋的创造性幻想家在告诉并给予人们真正想要的，人们其实并不知道自己想要什么。然而，发出不同声音的人往往受人嘲弄。

有情感天赋的人对虚伪忍受不了太长时间。他们通常都有强烈的愿望想要知道真相并说出来。由于你有强烈的正义感以及对生活有着坚定的热情，所以有时候不可避免地会问一些在旁人看来很"危险"的问题，并且会撕开表面寻找深入的理解与认识。自然，无论你身在何处，都会挑战现状，而那些害怕改变现状的人可能会报复你。说出真相，即便是不指向任何人，仍然会让那些没有准备好面对或者接近真相的人感到"被揭露"。仅仅指出所处情境中的虚伪，你就已经在质疑当下的现实，而这个现实是人人有份的。没人喜欢这样，所以当伽利略（Galileo）指出地球不是平的时，人们就开始攻击他。

小时候被嘲笑、不准说话的孩子，长大后可能就学会了带着巨大的痛苦闭嘴、低头以及压制自己的声音。总能感知到自己与别人不一样，自己格格不入，你最本真的自我接收到的常常是恐惧、冷漠甚至憎恨，那么你可能早就学会了降低与隐藏自己的声音。这是非常不幸的，因为想象力与觉知力是你在这个世界上茁壮成长的种子，也是你这个人最高完整性的反映。这就是作家安东·圣·马丁（Anthon St Maarten）曾经指出的情形："做部落的占卜者是个肮脏的活儿，但总得有人干"。或许你并不认为自己是一个特别勇敢的人，但你与大众不同的事实就意味着，要在这个世界上活下去，你必须发展出超于常人的技能、勇气与复原力，别无选择。

能够让情绪敏感及强烈的人持续获益的最有价值的一堂生命课就是，既要做狂野、自由、真实的自我，又要躲避世人的评判与攻击，要在这两者之间找到平衡。真实的生活，自由而充分地表达自己很重要，但也要知道在什么时候应该怎样与人和谐相处。这取决于你如何做真实的自己，带着这些紧张、激情以及求真的热情，同时还要维持恰当的边界，让你自己可以保持活力，安全地探索无法预知、有时甚至充满敌意的社交情境。

明智地评估环境从而适应环境

对于有情绪天赋的人来说，有些环境要比其他环境更安全一些。

比如，比较推崇个人主义的工作环境、家庭及文化，或者社会流动性高及交通便利的国家及城市。在这些地方，差异性会被容忍。相比之下，集体主义文化及团体会强调同一性，回避冲突，个体通常要服从表面和谐的要求。然而，不管一个文化有多开放，人们仍然倾向于厌恶或排斥他们不熟悉的东西。

因此，仔细评估周围的环境及所处的情境就很重要，对你情绪上的强烈度，人们的开放程度可能不同，你要根据评估结果及时调整你对人们的期待。例如，在一个保守的工作环境中，你在发表激进言论或者带着你无限热情的自我与他们打成一片之前，暂停片刻，三思而行是比较明智的做法。这一做法不是隐藏、压制或者否认你自己，而是找到一个更成熟、更具策略性的方法把你的天赋展示出来。

有多个不同的人格面具，向这个世界展示不同的社交面孔，不是"坏"。作为成年人，我们在不同的情境中扮演不同的角色。实际上，能够适应不同的群体和情境，熟悉你自己的各个角色并能轻松切换，这是健康成年人必备的能力。有时候，像"英国人在纽约"一样，想着怎么能最好地适应环境，是明智的做法。

有时候对在一些不可避免而你又必须克制自己的情境中，你也可以运用你的想象力。你可以假装自己是个演员正在扮演某个角色，或者你也可以想象自己正穿着"制服"。进入这些情境时你可以告诉自己，忙完今天的事，回到一个安全的环境中，你就可以脱下这身制服，百分之百做回真实的自己：那个热情的、有天赋的、真挚且充满勇气的自己。这样你就可以保护真实的自我不受无谓的伤害和欺凌，保留你的真精神。

留意你的需要是否被看见、被听见

情绪上有天赋的人有时候会由着自己的性子，放任自己的情绪。这是他们丰沛情感的自然流露，他们快速感知及处理能力的自然表达。

但有时过度表达的背后，是一个深层的需要没有被看见、被听见。想要被认可是人的天性；一个人在小的时候有被注意、被欣赏和被肯定的需要，如果没有得到满足，就可能会在内心留下一个洞。久而久之，就可能会被一种强迫性的，几乎是无理性的愿望所淹没：想要被认可、被表扬与被重视。你可能会逢人就讲你的故事，发出你的声音，发表你的意见，不管场合是否适宜。当你的行为呈现出强迫性的不受控制，让你感到沮丧与贫乏时，你要知道，这个行为来自你内在的受伤小孩。假如你最后还要把你的深刻感受与心理洞察分享给那些还没准备好要听的人，那么他们的反应可能会从茫然、困惑到担忧及拒绝都有。悲哀的是，作为一个成年人，我们很难让自己的情感需求得到满足，因为作为一个成年人意味着我们在一个集体中承担着不同的责任，人们对我们有各种各样的期待。当你到了一个不熟悉的场景中，比如新的工作环境，记得提醒自己：尽管非常渴望被看见、被听见，但还是要耐心等待合适的时机。

窍门在于对你深层的情绪保持正念，确保当你与那些能接纳真实的你的人交流时，再去满足这些需要。你可以找一群信得过的朋友，一个咨询师，一位你信任的挚友或者亲密伴侣。有可能的话，记住这些"懂你的人"。

你可能没办法在一个人或者一个团体那里满足你所有的需要，你可以在不同的场合满足不同的需要。例如，当你发现一个人和你有同样的愿望，有同样摆脱不了的"魔咒"时，允许自己欣喜若狂。也可以找到与你同样情绪强烈及敏感的人，向他分享你的深层感受、你的顿悟时刻，以及你栖居于此的这个敏感的人有多温柔。当你感到足够安全时，就可以向那个你信任的人展现你的天赋，但是请记住，把你的开放与脆弱作为一个礼物真诚地呈现出来，不要只是想着去满足自己的需要。

把你的天赋引导进创造性追求中

要运用你独特的天赋、热情和洞察力，最富有成效的方式就是引导它们到一个创造性的过程中。如果你的直系亲属不能从你的陪伴中找到喜悦，不欣赏你独特的礼物，或者你无法向他们分享你的洞察及深层感受，那么你可以与世界分享。你可以巧妙地把你被看见、被听见的需要导入对艺术的追求中。

比起试图让一小群人听到你、看见你，把你的洞察与感受分享给更广阔的世界，有多得多的听众，反而安全得多。你只要单纯地做真实的自己，你不会强迫任何人看见你或者接纳你。你所要做的就是展现真实的自己，希望那些与你在一个频道的人，甚至不在一个频道的人，在某一时刻，能听到你传出的信息。有了互联网，你的信息传递将不再受地域限制。听见你的人来自五湖四海，没有什么阻挡在你们之间；没有人会感到无法脱身、被迫或者被淹没。他们可以自由选择要不要加入你的虚拟世界，或者，如果从你这里听到的内容让他们不舒服,他们也可以走开。

真诚的表达包括克服你内在的羞耻感,不再隐藏你自己,再次感受对真实自我的爱与信任。让勇气与积极的行动诞生,不断尝试新的突破,一步步迎接更大的挑战,这样你就能松解恐惧对你的束缚。最重要的是,如果其他人不能欣赏你的真实自我,你不要因此再次躲藏起来,缩进旧壳里去。受到攻击时,把这些挑衅、羞辱与失望当作跳板,助力你进一步提高自己的技能与独创性。这种努力最终会带领你来到你的应许之地,在这里你不仅会得到宽容,还会收获赞美。

反思

作为一个情绪强烈、敏感的人,在这个世界上寻找生存之道,并不是一个线性的过程。有时候,在不断的尝试中,你会感觉好像前进了两步又倒退了三步。在寻找自己位置的过程中,你可能会越界,会受伤,需要回到你试图远离的安全区。然而,每一次被迫返回后,你都会更稳健地再次起航,更清楚你是谁。你会更明白什么是自我接纳,甚至重新定义你是谁、你的角色,以及你的存世之道。最后你会发现,这是一个平衡的过程。涉及阴与阳的匹配,果断与耐心的平衡,是讲出来还是默默观察,是要坚持个性还是保持和谐。有时候你又需要拓展一下自己,走出舒适区,知道你的局限性在那里并挑战它们。正是通过这种循序渐进的艰辛的螺旋式上升的过程,承受不确定与安全感之间的张力,一次一小步地前行,你才能找到自己的边界,最后达到平衡。

● 拥抱你的敏感情绪

花一点时间，找一个地方，拿出你的日记本，舒服地坐下来，把你的注意力集中在呼吸上，问自己下面的问题：

1. 回想我的生活，在哪种情形下，我会因为害怕而退缩或者躲藏？
2. 相反地，在哪种情形下，我展示自己太多、太快，而当时对我以及他人都不是最好的时机？
3. 我是否也需要被看见、被听见，这种需要是否来自我童年未愈的伤口？
4. 在什么时间、什么场合，我稍稍克制一点儿会比较明智？
5. 到目前为止，我都是如何应对各种情境的（学校、工作场合，遇到新认识的人），据我自己的体会，这么多年我的模式有过变化吗？
6. 我有朋友、伴侣，或者可信任的人能让我彻底地自由与真实地做自己吗？
7. 我有没有渠道来发挥自己的创造性的洞察力，表达我独具一格的思想？

让真实说了算

思维模式的转变

真实就是不断练习放手那个"应该"的自己，从而拥抱真实的自己。这一步绝对意义深远，尽管看起来只不过是微小的心理转变。观念上的这种转变是根本性的：让一切"流经"你的生活，而不是与之对抗，你会前所未有地发现：他们或许并不属于你。举个例子：如果被困在某个工作岗位上让你觉得恶心，到最后不得不放弃这个岗位，不要苛责自己，也不要紧盯着损失，你可以把这一切看作你真实的自我正在"放下"不需要的东西。虽然眼睁睁看着它流走或许会有些痛苦，但你也为其他东西，那些与你天生的愿望与能力相一致的东西，留出了空间。

许多敏感的人都会面对这样一种挑战：不知道要在生活中留下什么、放弃什么，才能避免被不必要的责任及刺激累到不堪重负。这时，真实就非常有用：只是真实地做自己，不做超出你的局限性的事，不要努力成为不是你的你，你自然而然就会过滤掉生活中的坏苹果，吸引到与你最相宜的人，遇到最适合你的机会。

不是扭曲自己去适应某个既定模式，而只是全心全意真诚地做自己，这会让通往成功与幸福的道路变得简单许多。这样一来，某些不再对你有所帮助的人、事以及情境，都会离你而去，哪怕一部分的你仍然认为他们是你想要的、需要的。你可能需要哀悼一下这些丧失，而一旦你能够信任这个过程，面对人与关系，你会获得一种深刻的宁静感。

下次感到被拒绝或者被抛弃的时候，记住关系永远是两个人的舞蹈，而不是一厢情愿。就当生命的事件与关系是按照某种自然顺序展开的：两个人相互吸引，有缘相互学习，相伴走一程，后来到了结束的时刻，旅程自然会有终点，到了，两个人就分开了。不断练习，慢慢你就开始觉得，世间万物，人、地方、工作，都像宇宙中的原子，或自然界的元素一样。万物聚散无凭，这不是你一个人的苦。最后，整合的真实自我会发出独特的振动频率，只有与你类似的人才能辨识出来。

为了让这个去伪存真的过程能够帮到你，你必须对它的能力有信心，相信它是本性"过滤器"。让真实的自己引导你去生活，对的人，合适的机会就被你吸引。慢慢地，你就会了解并接纳独一无二的你：你的力量、你的弱点以及你的偏好。你会捍卫你的真实自我，守护你的自尊，引导自己定下健康的人际边界。细想一下下面这段来自玛格丽特·扬（Margaret Young）的话：

> "人们常常把日子反着过：努力得到更多的东西，或者金钱，以为这样才能做自己想做的事，然后自己就会幸福。实际上，真正能让一个人幸福的做法恰恰相反。你必须首先成为真实的自己，然后做你真正需要去做的事，这样才能获得你真正需要的东西。"
>
> ——玛格丽特·扬《呼吸》，2011

有了信任的感觉，你就能仰赖自己的真实性，过滤掉不属于你的东西，让自己的生命从头到尾都丰美富饶。

练习　向内寻找真实的你

做最真实的自己是通过一个非常仔细的向内探索的

过程来实现的。因为真实的你是由你的信念、你强烈的愿望、欲望、你的痛点以及能激发你热情的东西组成的,逐渐熟悉你自己的心理与生理过程,你会慢慢了解真实的你是什么样子的。在接下来的一周,有意识地密切留意你的感受及能量水平,每时每刻,注意聆听你自己,好似你命悬于此,跟随着你的能量,让它指引你,它到哪里去,你就到哪里去。然后,在周末的时候,问自己下面的问题:

1. 向内看,探索我的身体和情绪传递给我的信号与信息,在这个过程中,我对我自己有了什么样的了解呢?
2. 什么让我喜悦,什么又让我痛苦?
3. 我的敏感与激烈如何让我与别人不一样,以至于那些"常识"或者"常规方式"都不太适合我?
4. 有没有一些情境或者关系,身处其中的我为了大局着想而控制了我自己?
5. 为了尊重我敏感、强烈的天性,为了我的完整性,现在我可以放手的是什么?
6. 要是我之前认为"错的"东西实际上都是"对的",会怎样?
7. 在生活中的哪一部分,我可以让真实自我充当真相过滤器?

如果近期你刚刚经历了丧失，失去了某人、地位、工作或者机会，请重复下面自我肯定的话，大声念出来或是写下来都可以：

"即便是我现在还不知道我将被带到哪里去，即便是放手让我痛苦万分，我都会敞开心扉，拥抱那些或许会与我深藏的真我相一致的东西。这是一个机会，我可以用来锻炼一下自己的心理弹性，拓宽视野。也许，我的不舒服其实是成长痛。

"既然现在我已经记住真实的我是什么样子，那么我允许自己放手，这样我才能腾出空间，接纳那些让我更能真实做自己的东西。"

第 11 章

存身立世

守护你的情感边界

作为一个在情绪情感上有天赋的人，你天生就倾向于付出、爱与分享。小小年纪，你就对自己以及别人的痛苦深有感触，深切地希望自己能减轻人们的痛苦，让每个人都获得更多的幸福。你在同理心方面的天赋可能会吸引很多人向你寻求建议及安慰。有些人，与他们交流感受时，你们双方都会感到被鼓舞、力量增强、思路变开阔，而有些人，会让你觉得耗竭，好像他们把重重的情感包袱丢在了你身上。有时候，独留你一人感到难过、受伤，甚至羞愧与内疚，而你不知道为什么会这样。

作为一个在同理心方面有天赋的人，你身上涌动着同理心的振动能量，这在当今世界中是很稀缺的；这种能量会吸引其他人借此去弥补自己的不足。精神分析中有一个概念叫"投射性认同",可以帮我们来理解这一现象。投射性认同这个小伎俩常常与嫉妒一同出现,一个人把自己的"坏"感受或者"不好"的品质"倾泻"在别人身上。当你突然被一种料想不到的紧张感抓住时,你就成了别人投射性认同的接收器(Ogden,1979)。

有必要指出的是,攻击你的人多半会从他们自身卷入程度较低的方面入手,这样他们的理性自我就意识不到自己破坏性行为背后的原始驱动力。通常,投射者用这个伎俩是为了去除自己不想要的感受,比如嫉妒与自卑。他们可能会占据优越者的位置,否认自己身上不想要的东西,并把这些东西投射到你身上。你会感受到这些负性投射物的影响,比如你会觉得低人一等或者羞耻。被当作"投射性认同"的接收器会让人很不舒服、很迷惑,也很难承受;它会渗透一个人的身心,有时候甚至会导致身体上的不适。这是一个隐秘的慢慢渗透的过程,有时很难区分什么是你自己的,什么是投射者"倾泻"到你身上的(Curtis,2015)。

如果你能调试好直觉能力,跟随直觉,你的"身体我"与"情绪我"就会指引你。凭直觉,你就能知道,有些关系不是在滋养你,而是在榨干你;有时候一进某个房间你就有感觉,那里的能量场不对劲,同样地,被能量吸血鬼缠缚在一段负性关系中,你也会有感觉。但我们很多人都已经切断了与自己宝贵的内在指引之间的联系,或者不再信任内在指引。在我们生活的世界上,人们对高同理心不再有兴趣,所以,倾听自己的直觉变成了一件困难的事。没人告诉过你,成为别人隐藏愤怒的接收器是一种什么感觉,也没人提醒过你,别人把不良情绪转移到你身上会给你带来怎样的影响。因此,当你卷入一场不健康的互动中感觉不好时,你可能会想:"大概是我太敏感了,想太多了。"如果你默认自己不对劲,那么当边界被突破时,你自然就会错失重要的提示信息。

你的情绪边界守卫着你无形的能量领地,调节着你与他人的互动过程。在你成为他们的心理打击目标或者情绪倾泻对象时,如果你识别不出来,那么你的情绪边界就会失去防护力。大多数的边界被突破都不会立即被发现。在你明白过来之前可能已经感到自己遭受了心理暴力或者心理虐待。如果你的同理心技巧还没有炉火纯青,并且不能用稳固的边界来对冲所受的攻击,那么最终你可能会被耗光。

在社交场合保证自己的安全,保护自己不被其他人剥削,首先要做的第一步就是了解自己的脆弱之处。那么,我们来看一看,有哪些原因让你的情绪边界容易被突破。

1. 你总是以最大的善意预想别人

许多情绪情感上有天赋的人天生就易于信任他人;你们有一种理想主义的天性,强烈的正义感,对自己的行为有很高的道德标准要求。你们可能想不到,其他人可能没有这么理想主义,其他人可能会小气、嫉妒并且不可靠。小时候,你可能没法完全理解,为什么其他人不能像你一样,认为世界就应该是这个样子的,或者你会惊讶地发现任何人都可能出于恶意的嫉妒或者憎恨去做一些事情（参见第 6 章）。

如果你内化了别人投射在你身上的不公平与偏见，而没能看清楚他人批评与攻击的根源，最终你或许会认为一切都是你的错，那么你会比较容易感到羞耻、内疚，自我意象会比较负面。你可能也会慢慢不再相信自己的内心，轻视自己的直觉。

2. 伤害并不总是显而易见的

通常，欺凌源自欺凌者的不安全感和恐惧感，尽管欺凌者自己并不知道这背后的驱动力。有一种最隐秘且极具破坏力的社交动力，情绪强烈的人极易受其影响，那就是：有毒的嫉妒。

从本质上来说，嫉妒是一个人无力承受这样的现实：生活不总是公平的。这也是为什么有天赋的人或者天生就有某种特质的人特别容易受人嫉妒：他们身上所拥有的特质是老天爷给的，别人买不到，甚至再努力也得不到。大多数人都不愿意承认自己身上有破坏性的嫉妒，因为这会引起强烈的内疚与羞耻。

嫉妒，还有与之相伴的幸灾乐祸（schadenfreude），这是人类心灵自然会产生的情绪，然而大多数人都在否认它们的存在或者不愿了解这些情绪的影响力。schadenfreude 这个词是从德语中来的，指一个人的快乐来源于他人的不幸。人们听到或者看到他人的失败或者麻烦会感到快乐，就是在体验这种情绪。

嫉妒和幸灾乐祸这两种情绪在人体内是有生物学基

础的，但大家可能都不清楚这一事实，因为大多数人都会竭力掩饰自己的这两种情绪。研究人员用 fMRI 扫描大脑显示，人们不愿意承认这些情绪感受，或者根本就意识不到自己有这些感受。甚至，即便是意识到自己的嫉妒，人们也会自动合理化，为自己将要采取的行动寻找理由。由于很多负性情绪的产生、"倾泻"，以及心理攻击的发生都是非常细微并且是下意识的，所以攻击者与被攻击的人可能都意识不到其发生。

3. 你总是想要确保自己做到了最好

作为真理探索者，"打破砂锅问到底"是许多情绪上有天赋的人的一个深刻需求。你总想根据已有的信息对情境做出充分的评估，确保所有行为都符合你的价值标准。如果牵涉你的品格与诚信，这种全面评估的要求会尤其迫切。当负性事件发生时，你首先不是保护自己，而是一心确保你自己已经做到了最好，已经尽你所能了解了"真相"。除非你能证明他们说的不对，否则你可能会没完没了地分析其他人对你的负性评价。在这么做的同时，你可能会为所发生的事承担过多的责任，不去辨别其他人都做了什么，也不去管各种各样的外部因素。

4. 你总是否定自己的力量

或许是你的父母熄灭了你心中的火焰，对于你天性中的情绪丰沛及易于兴奋，他们总想压制。又或者，当你还是个孩子时，大人就告诉你展现或使用自己的本领会让其他人感觉不好,你必须要把本领都藏起来。如果你被迫成了那个"有病的"或者"有问题"的孩子,你的情绪天赋总是让你受人责备,不断向人道歉,你或许也会害怕,下意识地或者清楚明白地,害怕一旦做你自己就会受到惩罚。长此以往,你就不再坚持自己的世界观,不再信任自己的感受与直觉。你不再觉得你自己可以有"一席之地",当你的权利被侵犯时,你也不再坚定地反击。你觉得自己连表达健康愤怒的能力都没有了,最终,当别人越界时,你要花很长时间才能意识到自己的边界被侵犯了。

5. 你的悲悯心压倒了自我保护的需要

情绪敏感与同理心和悲悯心是相伴相生的。你非常善于从别人硬撑着的外表下捕捉到他内心的伤痛。甚至就算受了攻击,做了投射性认同的接收器,你也能理解欺凌者行为背后的脆弱性。你能透过那些他人给你的痛苦,看清现况,因而你不愿反击。

虽然你天生就有的悲悯心,以及易于宽恕别人的品质,是非常宝贵的,但绝对不能把这些品质混淆为"回避",或者贸然去原谅别人,这是你用来回避受伤、愤怒等痛苦感受的做法。你知道有时你会这么做,当你回避必要的对峙时,当你以第三者、局外人的冷淡态度谈论一件侮辱性事件时,你可能就是在这么做,你可能在压制自己的愤怒,不去指出事件中的不公正。你可能会合理化整个事件,为他人的行为寻找理由。然而,除非你在情感上对自己诚实,承认你自己对痛苦及怨恨的真实反应,否则你不可能有真正的悲悯心。他人会因为自己的不安全感或者脆弱性而伤害你，明白这一点虽然会让人难过，但最重要的是，你明白世上就是有这样的事，你不再内化那些针对你的负面信息。

最后，你只有先照顾好自己真实的情感需要，才能成为一个富有成效的人，在这个世界上发挥你的天赋。如果你感到被周围的人欺负、嘲弄，或者遭遇不公平的对待，不要去合理化他们的行为，也不要弱化你的痛苦，试试看可不可以做一个善良而庄严的观察者。你注意到这一复杂的情境，并能够涵容在此情此景中生出的复杂情绪，包括他们的痛苦、你的痛苦，以及双方的冲突、恐惧与挫败。只有当你可以温柔、慈悲、诚实地爱自己的时候，你的天赋才能发挥，你的爱才会流溢到周围人的身上。

当一个人被欺凌、被打倒，或者被无休止地压迫时，生气是再正常不过的反应。生气是一种非常有用的情绪，它敦促我们捍卫边界，展示力量。

然而，如果你从小的成长环境让你抑制或者压制愤怒，不允许你表达，那么允许自己愤怒对你来说可能是一个挑战。

当我们还是孩子的时候，要有人告诉我们生气没什么大不了，我们可以用健康的方式表达愤怒。哪怕是受了虐待，每个孩子也都天生想要保护他们与照料者的关系，甚至压抑自己的愤怒或者把愤怒转向自身。这是因为，对于脆弱的孩子来说，对他们依赖的人生气会让他们觉得不安全。如果你总是不能自由地表达自己的感受，或者为自己说话，你可能就会被禁锢在自我责备的习惯中，别人做了什么事、犯了什么错你也习惯于责备自己。

要维护自己的情绪边界，很关键的一点就是保有健康的愤怒。当我们丢失了能够保护边界的健康愤怒，忽略自己的需要和愿望时，我们就会落入自我抛弃的田地，而让自己的边界易于遭人侵犯。

如果一直以来你都在压抑自己的愤怒，那么你可能会因这种压抑而生出恐惧。尽管承认他人在攻击你可能不好受，但是不能清醒地面对现实，学不会健康地表达愤怒，你的边界就总是会被人侵犯。

下面的练习会引导你与自己的健康愤怒再次联结在一起。

练习　与你的健康愤怒重新联结

找一个舒服的姿势，打开日记本，然后把你的注意力放在你的呼吸上。不要试图改变呼吸，只是去观察。让你的肩膀放松，腹部柔软。

1. 一开始，先回顾一件让你感到生气的事情。注意观察你的愤怒情绪是如何通过身体表达的，或许是感到浑身发热，或许只是一种直觉，或许是身体内部细微的运动。或许是想要发出一点声音，来代表你感受到的东西，可以是"啊！"一声，或者一句粗话，都可以。

2. 下面是一些未完成语句，试着凭直觉把它们补充完整，不要过多地思考。写下来，不要花心思编辑，不要想对与错。可能一时之间想不出什么样的词句，看看能否花几分钟关掉你内在的审查器，让你的感受与想法自然流淌于笔端。

◀ 上一次我感到生气是……

◀ 我生气时，通常会……

◀ 我一直都是这么做的，从……起

◀ 对我来说，生气是……

◀ 我小时候最生气的一次是……

◀ 如果时光能倒流，我要改变的是……

◀ 现在，作为一个成年人，我应对愤怒的方式是……

◀ 不再压制我的愤怒时，我注意到自己……

练习的目的是不再压制愤怒，转而欢迎并疏导愤怒的情绪。留意一下，当你允许愤怒流过你的身体时，它是怎样给你注入生机与活力，而非压抑你的。提醒自己，感受愤怒是安全的，因为它很快会过去，只是感受它并不会造成什么伤害。不要让它淹没你，也不必做什么去对付它。在这个练习中你所要做的就是尊重你的感受，既不必用伤害他人的方式去表达它，也不必压抑它，这样做既不会伤害你自己，也不会伤害他人。

如果我们不再做环境的被动受害者，而是真诚地问自己："对于已经发生的事，我能做些什么？对于这件事，我要怎么处理，才能柳暗花明？怎样才能对我有所助益并惠及他人？"，那么经过不断历练，我们就会感受到力量和优雅。

如果你的愤怒可以自由流淌，它就会帮你维护边界，保持内在的确定感，也能帮你与周围的一切保持健康的距离。与你的愤怒保持健康的关系，会让你获得一种稳定的自体感，并能激发你的内在力量。

理解被动攻击行为

所有的关系及其背后动力都涉及当事双方，但是当事情发生时，许多情绪敏感又强烈的人总是自己承担太多的责任，意识不到对方做了什么。

有一些人，当你与他打交道或者做朋友时，尤其会有一种被消耗或者榨干的感受，通常不是因为他们心怀恶意，而是因为他们自己在处理情绪这方面不成熟。与这样的人处于一段不健康的共生依赖关系中，会极度消耗你的精神及情感资源；由于潜意识的动力，他们会让你感到愤懑、被操纵、内疚，甚至是羞耻，而你并不知道为什么会这样。

在这一部分中，我们会讨论一种最常见，然而又是最隐秘的情感边界被突破的情形：被动攻击。

作为一个情绪敏感的人，当这种行为出现时，要能够识别出来，这对于保护你的情绪健康很重要。

什么是被动攻击行为

被动攻击行为是指一个人运用被动性及掩饰策略，来处理自己在关系中的需要和愿望。被动攻击的人只能通过向外投射的方式表达自己负面的不想要的感受及特质，而不是在自己的内心世界处理这些感受和特质。

> 被动攻击障碍曾经被认为是人格障碍的一种形式，并被收录在《精神障碍诊断与统计手册》中（*diagnostic and statistical manual of mental disorders*，DSM）。然而，后来有些专家意识到，被动攻击这种现象很常见，甚至出现在没有精神疾病的人身上，所以就从诊断手册中移除了。

"被动攻击者"（这个说法过于简化）这个术语通常指那些主要用被动攻击的方式处理人际关系的人。尽管这个术语不是很规范，但我在这里使用它的意图不是要给人分门别类，也不是要用非黑即白的方式把某一群人定义为"被动攻击类型"。

我们每个人，都可能会在某些时刻采用被动攻击的方式处理愤怒。只是如果这种方式变成了一个人下意识的常规方式，僵化不知变化，那是有问题的。使用被动攻击的人不一定每时每刻都是这样，而是他们使用的频率高得达到了对自己及周围人有害的地步。

被动攻击的人不是我们一眼就能识别出来的，下面是一些最明显的迹象：

- 他们不会直接表达自己的需要和需求,而是采取不愿付出时间,不愿给予支持、资源及注意力等方式,还包括长期冷战。

- 他们可能会故意表现不佳,无法达到既定要求,或者逃避商定的责任。他们可能会说自己能力不够,不是不愿意做某事。比如,在工作项目、家庭琐事或者分工交流方面,他们可能会尽量退缩,不愿过多承担。

- 被动攻击也可以表现为一种"迂回"的方式,意思是,他们可能用一种间接的方式表达他们的反对意见或者不情愿,比如:拖延、懒散、有意遗忘或者效率低下。他们可能表现得很无辜,让你觉得是自己要求太多了(Millon and Radovanov,1995)。

- 他们喜怒无常,时常无端发脾气,但是他们又从不解释也不承认自己情绪波动,总是让你去"猜"他们怎么了。

- 他们总是用琐碎的抱怨表达不满,抱怨那些微不足道的事情,这样就不用表达他们满心的憎恨了。

- 与人起冲突时,他们很快就败下阵来,感到自己被人攻击时,他们会立刻呈现一种防御的姿态,常脱口而出"好吧""随便"等。

- 他们也可能会逃避困难情境,或者在面对冲突时一走了之,"直接消失"。

◀ 他们言谈中的讽刺或幽默，是为了打败你，但他们会说自己"只是开个玩笑"。

◀ 他们使用暴力的方式也是间接的，比如，自己往墙上撞、摔门或者伤害自己。

其他一些被动攻击行为可能会更隐秘，不易直接识别。比如，在日复一日的与人接触中，被动攻击的人从不显示其主动性，这也是非同寻常的。他们甚至在大多数时候都说不清楚自己的喜好。这是因为确认一件事所需要的那种力量他们是没有的。一个人在做决定之前必须要有意愿为结果负责任。

与被动攻击的人打交道会让人觉得被抽空，是因为在大多数时候你不是在与一个情感成熟的人打交道。他们不愿为自己的行为负责任，不愿涵容自己的感受，不会为自己的决定承担后果。即便是在表面上似乎能够承担"成年人的责任"，然而一旦遇到困难，他们就常常逃避责任，并掩盖自己的真实感受。在许多方面，他们都是心理及情绪的依赖者，正是他们的这种婴儿倾向，让周围的人感到又累又困惑。

哪怕他们并不直接向你发泄自己的被动愤怒，与一个被动攻击的人处于亲密关系中还是让人在情感上不堪负累。因为他们无法以适应的情绪应对糟糕的情形，不能自我肯定，而是采用一种非常奇怪的割裂的方式，或许此时他们脑海里回响的是他们曾经被利用或被剥削的往事。突然，你就变成了"替他们生气的人"。例如，你的伴侣是一个被动攻击的人，他总是向你唠叨老板如何欺负他。然而，他在讲述这件事时，情绪被割裂了，而且不做出任何行动去解决问题，空留你为他感到愤愤不平。到头来，你可能比他还恼火。这就是他们发泄自己愤怒的典型途径。这种孩子气的逃避责任行为可以类比为一个孩子放学回来向妈妈告状说自己在学校里被人欺负，希望妈妈为自己报仇。这种互动在母子之间或许是合适的，然而如果发生在平等的成年人与成年人的关系中，就是非常有问题的。

与一个习惯采用被动攻击的人相处，你们关系中的毒性在大多数时候很微妙，不太容易察觉。可能你只是感到不满意、不舒服，或者很愤怒，而你并不容易搞清楚为什么自己会有这些感受，被动攻击的人与主动展现敌意的人激起你的愤怒可以一样多。被动攻击的人挑起他人的负能量，却意识不到自己是始作俑者。被动攻击者通常会用彬彬有礼、和善、天真或者富于耐心掩饰自己的敌意，这会让你困惑，这样慷慨善良的人为什么会让你觉得讨厌。不细心注意，不特意留心，你是观察不到他们的潜在攻击性的。因此，当被动攻击成为一种隐蔽的虐待方式，尤其是当它披上了看似无害，甚至爱的外衣时，及时地辨识出来就尤为重要。

被动攻击者到底在干什么

大多数有被动攻击行为的人并不是有意选择了这种方式。他们的反应方式，或者感知人情世故的方式源自内在的不安全感，他们害怕与人对峙。有时候，他们觉得自己没有权利感受或者表达自己的不满，但他们并没有在意识层面明白这一点。在内心深处，他们常常觉得自卑，或者害怕那个让他们生气的人。他们可能非常害怕人际摩擦或冲突，从而不惜一切代价避免。这也就意味着在关系中，他们宁愿压抑自己的需要或者回避要面对的问题。

通常来说，如果一个人采用被动攻击的方式与外界打交道，那这种方式一般是根深蒂固的，很有可能起自童年，后来又延续到成年。他们可能是从同样被动攻击的父母那里习得的。或者，他们成长在一个充满敌意、缺爱的环境中，直接表达感受会受到惩罚，被动攻击是他们唯一的选择。

许多被动攻击的人都说自己脾气温和、能容忍。他们的确认为自己很有耐心，也很有爱心，或许他们真的有，但问题是他们没有看见自己的阴影。

所以，当有人当面质问他们的行为时，他们真的会非常沮丧。一些被动攻击的人常常觉得全世界都在与他为敌。由于对自己的人格缺乏洞察，他们总觉得别人误解了自己，别人把不合理的标准强加在自己身上。他们不知道，在某种情形下，其实是他们一直在激惹别人，向别人挑衅。

尽管与被动攻击的人打交道让人很气馁，但是记住这一点很重要：在大多数时候，他们这么做并不是心存恶意，甚至他们自己都不知道自己在干什么；他们只是没有别的办法来处理自己的痛苦。最终，被动攻击成了他们的救命稻草。他们用这种方式处理自己未哀悼的悲痛、未表达的愤怒以及求而不得之痛。

遇见被动攻击的人该怎么办

如果你发现自己正在与被动攻击的人打交道,你可以训练自己用一种成熟而坚定的方式来应对。比如,你可以对自己说下面的话:

- ◀ "我觉得,这是一种被动攻击。"
- ◀ "我不要卷入这种枉费功夫的被动攻击冲突中。"
- ◀ "这是他们不愿公开向我表达的愤怒与怨恨。"
- ◀ "我发现我也很愤怒,但如果我因沮丧而做出反应或采取行动,最后就会变成我的问题而不是他们的。"
- ◀ "我不要那么做,我要尽可能拿回对自己情绪的掌控权。"
- ◀ "他们的内心深处可能住着个非常恐惧的孩子,不知道如何应对自己的愤怒。"
- ◀ "我打交道的这个人在情感上还是个孩子,那么我要坚守住成年人的立场。"
- ◀ "或许当我平静下来时,我可以尝试着对他心怀悲悯。然而,并不是说我要放弃自己的边界。"

如果有可能,看看可否与他们就这种行为的有害本质进行一场真诚、坚定并富有成效的讨论。如果对方不愿意改变,那么,你可能要重新评估你们的关系,协商你们需要保持怎样的亲密度与距离。如果这是他们自孩提时起就一直使用的策略(通常都是这种情形),那么改变起来当然不会一蹴而就。他们需要长期的有意识的努力,还要有耐心,持之以恒。

 反思

第一步也是最重要的一步,就是要及时地识别出被动攻击行为的迹象,牢记不要被毫无道理的羞耻与内疚感抓住。寻找一些明显的迹象,比如冷战、把退缩作为一种惩罚手段等。更重要的是,倾听你身体的感受,借此发现那些难以觉察的迹象,尤其是在建立一段关系之初。

花一点时间,找一个地方,带上你的日记本,舒服地坐下来,把你的注意力集中在呼吸上,然后问自己下面的问题:

1. 在与这种人相处了很长一段时间之后(不是其间),我有什么样的感受?
2. 他们说话的时候,我真的觉得他们就是这个意思吗,还是我觉得他们可能言不由衷?
3. 我有没有觉得困惑、挫败或者恼火?
4. 我觉得自己能够真诚地表达我的需要吗?
5. 我是否觉得是在跟情绪强烈又黏人的孩子在一起?
6. 我是否正在,或者曾经与被动攻击者有过某些关系?(评估一下,找到那些让你觉得被榨干的关系,各方面的,包括工作关系、朋友关系以及亲密关系,过去的、现在的。)

7. 我的同理心天赋是否被用来"吸收"他们的被动愤怒？是怎么被利用的？
8. 与这种人打交道是如何影响我的身体、心理以及情绪健康的？

说到底，照顾或者治愈他人功能失调的情感模式不是你的事。你首先要照顾好自己的需要，才能让自己有所作为。如果你不再为了关系中发生的一切来责怪自己，不再认为一定是你自己的错，你就能够听从内心的指引，带着理解、同情与自信，把你的同理心转变成一种力量。

看见自己的阴影

到目前为止，我们已经讨论了心理投射、攻击，以及被动攻击所造成的影响。然而，在心理能量场中与其他人相处要微妙复杂得多，"我与他们"的方式不太有帮助。更进一步的事实真相是：有时候我们确信是"来自"别人身上的感受，却很有可能正指向我们自己，不管我们有没有意识到。换句话说，你体验到的东西并不全是外在的，其实你正身处于一种集体意识中，而你也是其中一分子。

根据心理学家卡尔·荣格（Carl Jung）的说法，我们人除了有即时意识，这一部分是彻头彻尾的个人化本质属性，还有另一个心理领域，那一部分是集体性质的、普遍的，具有非个人的属性。

近些年，通过对人及动物的研究，科学家已经证实集体意识的存在，它是由我们所有人的意识组成的。尤其是在量子物理学及量子心理学领域，研究者已发现证据证明我们的集体意识在本质上是电磁性质的（Grandpierre，1996），而且我们的确在细胞及组织水平上是相互关联的（Adamski，2011）。所以，如果你只是怨恨别人把"负能量"传给了你，认为他人的负面特质会威胁到你的健康幸福，那么，你就没有认识到真相的另一面：你和其他人并没有真正地分开。

有时候，我们对某人的强烈反应在表面上看起来似乎很没道理，这个人可以是任何人，从同事到擦肩而过的陌生人，甚至是我们根本不了解的人。当这种情况发生时，你可能会觉得自己的某些行为不像是自己能做出来的，自己没来由地体验到强烈的愤怒、反感与厌恶。

卡尔·荣格的阴影思想可以帮我们理解上述现象（1946）。荣格提出，我们在大部分的日常生活中都带着"人格面具"。我们认为的、认可的以及紧紧依附着的关于我们自己的概念构成了我们的人格面具；社会及养育者的教导通常会影响人格面具。人格面具包括一些让我们觉得舒服的标签或者描述："我是个慈爱的母亲""我是好市民，我遵纪守法""我关心他人，真诚地希望我的朋友快乐"。这些描述是我们自己很真实的一些侧面，但不是全部。

人格面具的背面就是我们的阴影，它包含我们拒绝及否认自己的部分。我们不太愿意想到这些部分，所以就把这些部分的内容潜藏到潜意识里不去碰触,直到有一天,始料未及地被某人或某事触发。正是在这些时刻,你发现自己的某些行为非常意外,甚至让你感到害怕。

事实上,我们常常会把自己的阴影投射在他人身上。觉得必须与"某人"绝交,是因为眼前的这个人触发了我们不熟悉又不愉快的一些感受。说得更深一些,就是,我们恨他们把我们自己不想承认或者不想知道的关于我们自己的某些方面带到了眼前。所以,当你发现自己没来由地被某人的行为激怒或者感到厌恶时,那就说明,你害怕看见的自己的某些部分正在被戳中。不管是压抑还是投射,都可能让你的阴影变得更具破坏性;它们可能会爆发成抑郁、朝向你自己的攻击,或者朝向他人的敌意。

了解并承认自己的阴影一开始的确不容易,但这么做会给你带来很多启发性体验,让你受益良多。虽然我们没有意识到阴影的存在,但是打压自己的某些部分是要花很大力气的。如果我们能够接纳自身的方方面面,包括爱生气、自我防卫、缺乏自信以及嫉妒等,我们就能收获整体的健康,还有真正的自尊。从根本上说,达到心理整合,从头到尾都是在做这件事:学会接纳全部的自己,好的、坏的,明亮的、阴暗的。

练习 拥抱阴影

怎么才能知道阴影又被触发了?当你发现自己想要在你和别人之间设置一道屏障,或者你开始盲目地急于下判断时,这时你可以停一停,反思一下,看看阴影是否正在被触发。

处理阴影是有挑战性的,因为阴影的存在是为了防止你展示某些个人特征,这些特征一旦展现,你就会感到不舒服,说到底,这也是最初你要把自己的一部分封存在心灵角落的原因所在。因此,仔细遵循以下步骤,同时,时刻牢记要带着自我同情的心态。

找一个隐秘而安静的地方,打开日记本,进行下面的反思:

1. 找出在你生活中的某个人,他会触发你强烈的不愉快的感受。这个人可远可近,但最好不要是家人。选那个使你容易情绪反应过度的人,他的行为让你不舒服,或者他身上的某些特征让你厌恶。他可以是在你过往生活中的人,也可以是当下生活中的,只要你一想到他就会情绪满满。

2. 从这个人身上找出三五个让你不舒服,或者触发你强烈感受的特征。

3. 现在,看看你能否接受这样的想法:这些有可能就是你否认的东西。从你自己身上找一找这些特征的翻版,它们可能以某种微妙而隐蔽的方式存在着。用找出来的特征填充下面的句子。

★"我接纳这样的想法:我可能也是……样的。"

★"我接纳这样的想法:我可能也会……,哪怕是偶尔，在某些特殊情境下。"

4. 挑战一下你自己，找出3种方式展现一下这些特征。记住，就算是你真的有这些特征，那也只是你的一部分，不代表全部的你。它们并不是你显著的人格特征。

5. 描述一下承认这些特征会激起你什么样的情绪（愤怒、恐惧、难过、嫉妒、羡慕、内疚、悲伤、羞耻）。

6. 重复下面的话来结束这次练习（你可以写下来，也可以大声念出来）："虽然接纳并消化这些很难，尽管在我身上发生的与我认为的我自己很不一致，但我还是全心全意地热爱并接纳全部的我。"

拥抱你的明亮面

在上一部分，我们了解了阴影的概念，以及当我们与他人共处一个能量及心理场域时会发生什么事情。

实际上，不只是不想要的特征，我们还会把自己的明亮面与美德也投射给他人。被压抑的阴影会触发你，同样，如果你发现自己被某个人强烈地吸引，那么这件事就正好指出了你强烈的愿望，以及你还不知道的自己的积极特征与品质。

理解这个概念会很有帮助，因为它为自我实现提供了一些有价值的信息。要充分发挥潜能，你首先要找到你自己独有的使命感。通常你不会立刻就很清晰，可能需要借助老师、导师以及榜样人物的帮助。有智慧的人会前瞻性地，从日常生活中出现的人与事中去寻找。正如那句古语所言："三人行，必有我师焉。"纵观历史，寻找大师是在成长与启蒙路上非常关键的一部分。幸运的是，如今我们生活的地球的确可以称得上是地球村，动动手指就能接触到世界上所有的知识与智慧。我们不需要经历漫长的朝圣之旅才能找到大师，我们的学习也不再受地域所限。不像从前只能师从一位大师，现在通过互联网可以找到五湖四海的老师，跨越各种媒介。你通过互联网选择的导师可能是在你所选择的领域中某个非常成功的人，或者是他的创造性工作激励了你。也可能是你发现自己很赞同他们说的话，或者对于成就你与他们看法类似。深入地想一想，你会发现，吸引你的人为你打开了一扇门，让你可以重新发现自己的天赋、自己的兴趣所在，以及你自己有些什么本领，你想遨游的天地，你想立足的世界一隅。一开始你可能会去观察他们是如何做自己的，他们的言行举止，他们是如何与这个世界及周围人打交道的。然而最终你想要寻找，也必须要寻找的是一套信念、价值观，以及精神心灵进步的典范，并以此为鉴。老师或者典范所能做的，就是帮你释放已有的智慧。别人只是帮你发现你所拥有的，如果你没有，那也没人能给你。他们可能会帮你指明道路，但最终，你要寻找的东西都在你的内心。

意识到自己有哪些优点平时都没有表现出来，这是在你探寻自己宝藏的道路上非常重要的一步。重新检视那些对你有影响的话语、影像、事件以及人，你会越来越了解自己的志向。正是通过不断地收集、研究这些外部资料，你能够慢慢找到通往你自己的宝藏的道路。

拥抱你的敏感情绪

 练习　重新散发你的光芒

拿出日记本，做下面的练习。

1. 回想一下曾经直接给你带来重大影响的人物或者榜样、楷模，或者你非常钦佩或喜爱的人。

2. 在日记本上列出这些人身上吸引你的品格特质。比如：正直、诚实、善良、有耐心或者有智慧。

3. 然后一个一个地写出这些品质，回想一下你在什么时候也曾经展现过这样的品质，把过程写在每一个品质旁边。花些时间去确认，你也拥有这些品质，哪怕它们在你身上仍然隐而未现。

4. 不管你在上一步是否有纠结之处，都试着回答下面的问题：可能会有什么样的原因让你压抑了自己的这一面？在你生命的某个阶段，这些品质受到了批评，遭人厌弃与否认吗？是恐惧在作祟吗？

5. 想一想如果要拥抱这些曾经被否认的品质，你要做怎样的改变。有哪些方法可以把这些品质整合进你现在的生活方式中？你如何用它们来造福于你呢？

6. 最后，问自己：假如充分展现这些我所看重的品格特质，我会是什么样子？我会怎么做？我身边会有什么样的人？

7. 如果你能想象出来一些活灵活现的场景，就把它们写下来或者画下来。

第 12 章

寻找真正的亲密

知道在什么时候,你的昨日时光重现了

由于表达形式过于激烈,许多情绪强烈的人被指责为关系中那个"情绪不稳定""不成熟"或者"戏剧化"的人,但他们的反应多半不是心理失调的征兆,而是对过去留下的未治愈伤口的夸张反应。

你可能会发现自己身上好像有一些按钮,一旦被按动,就会引起一些不可控的行为或反应。你发现自己总是与特定类型的人陷入类似的关系。心理学中有一个概念:移情,可以帮我们来理解这种现象。我们越能清楚知道,当我们与他人发生联系时,我们的大脑是怎么工作的,就越能理解并管理自己情绪的强烈程度。

移情指的是我们无意识地把一段旧的关系投射在当下的关系

中。这是弗洛伊德学派的一个概念,但这种现象不仅仅发生在治疗室里。我们可以把移情想象成某种形式的置换。在日常生活中,我们会发现自己有时候会把对 A 的感受置换到 B 身上。比如,我对老板很生气,却拿伴侣出气。在移情中,我们把对过去的人(比如父母或者前任)的情感置换到当下的人身上。"移情"意味着我们把过去带到了当下,而且在大多数情况下我们自己意识不到移情的发生。一句人们常说的话抓住了移情的本质:"你把我当成了你妈。"移情在任何地方、任何关系中都可能发生,从朋友关系到亲密关系,再到与陌生人的关系。一般来说,最亲密的关系会触发最深的恐惧及投射。这也是为什么相较于情侣关系,朋友关系相对容易处理一些。

当一个人走进我们的生活时,我们最容易体验到强有力的移情,有的是正性的,有的是负性的。我们有时候理想化,有时候又妖魔化我们的伴侣:我们彼此深爱,但我们也会被点燃,变得非常生气和沮丧。我们总是幻想着最美好的,断定眼前的生活是最糟糕的。我们会把童话故事投射在关系上,但当冲突发生时,或者敏感脆弱之处被触动时,我们的新伴侣突然就成了最坏的敌人。

正性移情解释了我们在浪漫关系之初感受到的强烈吸引与迷恋。初相见时,虽然对彼此的实际情况了解不多,但我们倾向于用幻想填补其中的空白。我们可能会夸大或缩小对方的某些特征。还有一种倾向:我们会无意识地在脑海中为我们的新伴侣创造一个理想化的版本,就像我们一直梦想的王子或公主,并把这些美妙的幻想投射进当下的生活。比如，如果我父亲是一个冷漠、傲慢、常忽视我的人，当我的新伴侣显示出温存周到、善解人意并满怀爱意的迹象时，我可能会夸大当时的感受，相信我找到了"对的人"。尽管这个过程是自然发生的，没有"错"，但它会导致失望的产生。有时候，我们内在的贫苦小孩会有一种冲动，要用一种孩子气的精神状态来填满内心的空虚，这种冲动驱使着我们寻求即时满足和无条件的爱，就像婴儿对照料者的要求。脱离实际的正性移情基本上都会导致幻灭，即便是最健康的成人关系也不可能真正满足我们对"完美之爱"的贪求。到最后，我们可能会陷入迷恋与幻灭的循环，上一分钟还坚信自己找到了真爱，下一分钟所有的希望与梦想都被失望粉碎。

相反的情况也可能发生。在负性移情中，某些人和事会触发我们，让我们想起埋藏已久的创伤以及童年没有得到的东西。突然而至的强烈的无名火说明移情正在发生。比如，如果一个男孩从小被强势的妈妈不断地批评与控制，那么长大后，他对于别人入侵他的空间或者剥夺他的自由，就会很敏感。在当下的生活中，他的敏感就表现在某些极端反应上。当他正在承受工作的重压时，如果妻子打电话给他，他那种强烈的被侵入与被控制的感觉就会被激发出来。他会发现自己突然陷入暴怒，责怪妻子没有给他足够的空间。这一切可能都是下意识的：后来回想起来，他不理解自己那个时候怎么就会如此暴烈地对待妻子，在逻辑上他明白，妻子不是妈妈，不会想要控制他。当负性移情起作用时，我们的反应不是来自成年的理性大脑，而是来自情绪痛点。相对于当下发生的事，这些强烈的情绪或许看起来"不太适当"，但如果看到内在的受伤小孩，这些情绪就是完全适当的。

想要被关注、被爱、被欣赏、被认可，这不是病态。只有当我们对爱如饥似渴，我们的需要变成了饥饿的、吞噬一切的野兽时，才是病态。被剥夺得太多，会让我们变成受伤的孩子，带着成人的假面，不顾一切地寻求无条件的积极关怀、全天候的关注，以及无穷无尽的喜爱。当然，两个成年人建立关系，满足彼此的情感需要，这并没有错，但如此强烈地渴望爱在两个成年人的关系中是不现实的。说到底，如果我们没能力给予自己爱，就会极力从外部世界寻找持续的满足。

移情可能是破坏性的，但也可能是通向成长与领悟的大门。我们承认移情的发生，也就不再为自己的感受责怪现在的伴侣，反而会开始探寻我们真正的需要。在潜意识意识化的过程中，移情会提供一些关键信息，帮我们去了解自己的内心世界以及在原生家庭留下的伤口，从而打开通往疗愈与整合的大门。

应对策略：处理负性移情

负性移情可能会让一个人产生破坏性憎恨，这种憎恨通常源自早年生活中的失望。当我们深陷移情大网时，是很难看清楚现实的。无意识移情让我们无法全心投入亲密关系，了解移情会帮助我们活在当下，更好地享受生活。

要挣脱负性移情的束缚，首先要注意到负性移情的发生，然后带着慈悲心与温柔心去修通它。如果你能让移情意识化，并承认它的发生，就会跳出无尽的反应性循环。下面的步骤会帮到你。

◆ 1. 克制住自己的反应

怎么才能知道自己正在"移情性反应中"呢？移情通常不易觉察，但如果你发现，就眼前发生的事来说，你的反应似乎没来由地过于强烈，那么这多半就是移情性反应。

想想某些会点燃你强烈情绪的人。在爆发之前，你可以做些准备工作。我们的目的是捕捉到你出现强烈反应之前的那些冲动，好让你不再以一种徒劳的方式或者破坏性的行为面对自己或他人。在情绪即将爆发的顶点，你可以试着运用下面的策略：

◁ 离开当下的情境，直到情绪小一点或者平复下来。如果与某人陷入强烈的冲突，不要害怕，勇敢地按下暂停键，后面可以继续与他沟通。如果你感到自己的怒火正在酝酿中，请尽量避免一些破坏性的或者被动攻击的行为，比如翻白眼或者指责。

◁ 与你的身体感觉保持联结，注意自己的心跳、呼吸，以及某些身体部位的紧张，比如下颌收紧或者拳头紧握。在移情中的感受有些类似于恐惧时的情绪：即便是没有直接的威胁，你的身体也已经处于防卫状态，你满脑子都是要出事了的想法。记着告诉自己，无论发生什么事，你都是安全的。

◁ 试一下深呼吸，从 10 倒数到 1，或许你会发现很管用。吸气的时候，充分打开胸腔，想象清凉的空气流过你的肺，进入腹部。呼气的时候，全力地收缩，想象所有的紧张与压力全被呼出去了。

◀ 停止所有反应性及自我破坏性的冲动行为，如果需要暂时分散注意力，就选择一些能让你愉悦或能安抚你的事去做，可以泡个热水澡、冲个凉、散个步或者听一些舒缓的音乐，你可以做任何事，只要你能立即做起来，并且对你有用就行。重点是不要回避自己的情绪，给自己一点时间，这样你就能够为自己创造一点心理空间，让你可以进行下一个步骤。

◆ 2. 留意你的身体体验，不要有评判心

一旦在外部刺激与你的反应之间建立起一定的心理空间，你就可以练习着不评判地辨识你的体验，并用语言把它描述出来。有一个方法就是发展出你的观察性自我，能够观察你的想法与感受，而不是深陷其中。

退一步，问自己下面的问题，一个个地修通它们，慢慢来，温柔一些。尽可能保持开放与好奇，不要苛责自己。

◀ "我现在有什么样的感受？"

◀ "这种感受我熟悉吗？它让我想起了什么事或什么人？"

◀ "过往的悲伤或者烦恼是否被当下的事件重新唤醒？"

◀ "这种悲伤我之前是否也感受过？"

- ◀ "我在什么时候第一次体验这种悲伤?"
- ◀ "是否有一种潜藏的、挥之不去的感受一直跟随着我,就像背景色一样?"

◆ 3. 处理此刻回想起的感受

你或许并没有回想起的感受。有时候你当下的情绪反应与过往并没有关系。可能就是你被羞辱了,很愤怒。假如你真的回想起了一段旧关系,那么此刻正是清扫旧障碍的最好时机。有时这个过程还会涉及深层次的哀悼。移情在大多数时候都被未满足的需要驱动,因此在寻找其根源的过程中,可能会触及旧的伤口以及曾经的创伤事件。在这个过程中,你可能要拿出成年自我中最有弹性、最成熟的部分来保护你自己,安抚内心那个幼小脆弱的你。移情导致了"情绪时间的弯曲",把旧日的情绪及心理需要放在了当下,所以你必须要真诚地与自己在一起,诚实地面对当下触发事件背后的核心主题。请你就以下问题进行反思:

- ◀ "这段旧关系属于我和谁?"
- ◀ "这段关系的本质是什么样的?"
- ◀ "这段关系背后的动力是什么?我是否被锁定在某个角色中?"
- ◀ "由于当时太小太脆弱,我想去做却做不了的事是什么?"
- ◀ "如果时光倒流,再回到过去,如果我能坚持立场,那么现在的我会有什么不同?"

◀ "对于那时候伤害过我的人,我会说些什么,做些什么?"

◆ 4. 珍惜眼前拥有

现在,回到当下触发你的人身上,看看你对他的感觉会不会有变化。

如果能够冲破移情的迷雾,我们就能以真实的自己与别人相处,不再随意下判断,不再把过去代入当下,往日的故事以及心灵呓语也就不再束缚我们。当两个人能够以真实的方式相处时,真正的亲密就会发生。在这种真正的关系中,我们是活在当下的。我们珍惜彼此,不再对对方抱有隐秘的期待。我们让真实的自己浮现,参与到关系中。以这种方式相处的伴侣是两个人结伴踏上一段激动人心的旅程,对彼此保持好奇,一起探索未知。不断地练习与实践,我们一定能找到勇气步入自己以及他人此时此地的真实之境,不再被过去的阴影伤害。到那个时候,对于我们面前的真实的亲密、喜悦与幸福,我们才能敞开怀抱。

对坏关系说"不"

你有没有发现自己在重复同样的破坏性关系模式?或者,你有没有发现自己会被不合适的、情感上难以联结的、拒绝你甚至利用你的人所吸引,并且无法及时从这些关系中脱身?

每个人都需要真实的自己被看见、被听见、被关注、被接纳、被爱。一个人小时候没有得到必要的关心,那些未满足的需要不会消失,会伴随他长大,以各种扭曲的方式变得更加难以满足。如果他不能觉察这种强迫性的渴望,不能找到恰当的方法去关照这些渴望,到最后同样的关系问题就会反复出现。

情绪强烈及有天赋的人,与其他人在发展上的不同,可能是变得与人疏远。从小你就发现,自己体验世界的方式与同龄人及父母有根本的不同。在社交场合,你可能会发现人们常常误解你的话,不懂你的幽默,你总是很难融入任何社交圈子。对于有情感天赋的人来说,社交疏离不是心理问题导致的,而是由于缺少同龄人群体。

在前语言期,你就常常感觉自己像一个造访地球的火星人,苦于没人理解、被人当成透明人。这种痛苦会延续到成年期:别人的无动于衷、白眼、误解都在提醒你,作为一个敏感的、情绪被"抹杀"的孩子有多痛苦。

另外,早熟的你或许也很难找到几个能够让你充分信任的成年人或者权威人物。你或许从小就不得不肩负起成年人的责任,不得不给依赖你的朋友、家人或父母提供情感支持。这么一来,在内心深处,你可能一直在寻找一个能让你安心舒服地依靠的人。所以在一段关系之初,你可能会过于期待,只要对方有一点点征兆能够满足你的需要,你就会竭力美化对方(当然这最终只是一场空),对于那些提示,警告你事情可能不是这样的提示,你全都视而不见。在某些情况下,你可能为了在某一瞬间你们有同样的情感体验而牺牲掉生命中的其他需要。

你的强迫性感受本身是无害的。这些渴望是无辜的，它们来自你的内在小孩。不管是成年人还是孩子，都有基本的被看见、被听见的需要，都需要有一个角色模板可供你模仿学习，都需要找到归属感：感觉有人和你至少在某些方面是类似的。

当你找到一个人可以带着同理心关注你，倾听你的心声（这正是你长久以来一直渴望的东西）时，那么你从前没有被满足的需要就会被唤醒，你会在一定程度上相信，总算找到了一个能满足你需要的人。

你易于被某种特定类型的人吸引，或者卷入某些特定类型的关系动力中，本质上或许是一种强迫性重复，你总想要回到过去，清除旧障碍。你强迫性重复的背后是期待每次会有不一样的结局，会有新的东西出现来疗愈你。如果最初的关系不健康，或者有缺损，你可能会尝试着让它结束。旧的不健康的关系一直都没有结束，你总觉得自己与最初的照料者之间有一些未竟之事，你那时候太小，没有能力去做，徒留一些未满足的需要和深切的渴望到如今。然而你可能再也无法解决与最初的照料者，比如父母之间的问题，他们或许已经离世，或许仍然否认或否定真实的你，或者他们就是在精神层面没有能力与你一起修通这些创伤。人天生就是要寻求完整性，所以你可能会在当下的生活中去寻找一个人，希望与他按照旧关系的动力脚本建立一种新关系。新瓶装旧酒，你反复上演着往日的旧剧本，希望这一次你能"如愿以偿"。哪怕你的意识头脑很清楚你绝不想每次都陷入同样的境地，然而你的潜意识动力总是重复老路，妄图改写结局。最后，你可能会发现自己深陷于某个不断重复的怪圈中：一段接一段的关系都不能令人满意，一个接一个的伴侣都在压迫你。

受损关系的各种表现形式

◆ 剥削型关系

剥削的形式包括常见的言语冒犯、威胁、欺凌以及喋喋不休的批评，也包括一些更隐秘的方式，比如胁迫、羞辱以及操纵。在关系中，当一方使用心理策略获得权力或者控制另一方时，情绪边界的侵犯就发生了，而这种情况的发生往往是因为侵犯的一方自己也曾遭受虐待。

辨别你是否处在情感剥削型关系中并不总是那么容易，某些情况要好辨认一些，某些要难一些。你可能正在遭受情绪上的侵犯或者心灵上的虐待却不自知：比如，被动攻击的行为就常常既隐秘又微妙。

你容易自我批评，又反应灵敏，这会让你更多地责怪自己而不是他人，你可能还会为他人的剥削行为找借口。如果你还是个低自尊的人，那么你可能会觉得自己只能"别人给什么就拿什么"，必须忍受这段不满意的或者剥削性的关系。你不重视自己，只好与这样一个不能给你好的滋养的伴侣在一起。

如果小时候，你的同理心天赋被人利用，那么长大后，你可能下意识地也会创造同样的情境，或者建立同样的关系，类似于小时候的模式。我们本能地会吸引人们以我们熟悉的方式来对待我们，同样我们也会被这样的人所吸引。只要你在潜意识里对童年的旧伤口及旧冲动做出反应，你就可能在一遍遍重复旧模式。

下面的问题或许会帮你反思一下自己是否处在一段剥削型关系中：

1. 他们是否批评我"太敏感了"，尤其是当我对他们辱骂性的评论做出反应时？
2. 他们有没有隐秘地或者明显地小瞧我或者羞辱我？
3. 他们是否经常否定我的意见、看法和建议？
4. 他们是否有时候用讽刺的或者开玩笑的方式打压我？
5. 当我说"不"时，他们是否尊重我的决定，他们是否不断地越过我的边界？
6. 他们不高兴时有没有怪罪于我？
7. 他们对我是否直呼其名？
8. 他们是否用情感上的疏远或者退缩来惩罚我？
9. 他们是否让我感觉虐待我都是因为我的错，如果我做了某事，他们就不会那样对待我？

◆ 失衡的关系

失衡是关系受损的另一种形式。在所有的关系里都有矛盾，但最大的区别在于伴侣的情绪发展水平是否足够好，能否让双方对关系中不健康的部分发起挑战。如果你觉得自己好像正在变成对方的知己、顾问，甚至是照料者，那么很有可能你们之间是一种失衡的关系。

事情很容易就变成：最终，敏感的人自然而然就成了情感保姆。觉知力和同理心超凡的人会注意到一些旁人注意不到的微妙的身体语言和行为。你可能很自然就陷入这样的角色：要么通过行动，要么通过话语，或者通过专注的倾听，来帮助别人，让别人感到舒服和安慰。如果你是被迫肩负这个角色，成了所有家庭成员的疗伤员，那么情感保姆的角色可能是你后天培养出来的第二天性。

在失衡的关系中，你的伴侣不一定有意要剥削你，但是由于你们在感官的接收能力和处理能力上的不同，这段关系天生就是不平衡的。你的成熟可能会让你在别人需要时给予同情或者专注地倾听，但对方不一定会为你做同样的事。或者，你对你们关系的动力有更多的洞察，你的伴侣却看不到、感受不到，你没办法与他分享，这可能会让你有种透不过气来的感觉。你可以读懂他的心中所想，他却不懂你的。因此，你可能要代表你们两个人来思考，你可能常常要解释自己的想法，或者要不断地"教导"你的伴侣，告诉他你的需要。

这种单方面的关系会让你背负很大压力。如果关系中的两人的地位不对等，那么深入的亲密也不可能出现。你可能会被自己的固定角色压垮。最终，做伴侣的照料者其实对他也没有多少好处：和你一样，他最终也要寻找自己内心的慰藉。

下面的几个问题帮你反思一下自己是否处在一段不平衡的关系中：

● 拥抱你的敏感情绪

1. 我是否为了支持我的伴侣而牺牲了自己的身体、心理以及精神上的福祉?
2. 对于这种扭曲的给予/拿取不平衡,我是否有时候也心怀怨恨?
3. 我是否有种强烈的希望,希望自己更自由更独立,但一想到没有很好地照顾对方就感到内疚?
4. 我是否为了避免冲突,或者保护对方的感受,而保持沉默?
5. 我是否在努力寻找一个人,他浪漫得让我着迷,又很有智慧,给我很多启发?
6. 我是否常常对我的伴侣失去耐心,感到很挫败,因为他跟不上我?
7. 我是否时常觉得自己与他相比较而言,"好太多了"(情绪上、智力上,身体上)?
8. 是否有时候我更觉得自己就像是对方的保姆、老师或者导师,而不是一个与对方地位对等的人?

📋 **练习 关系模式**

用下面的问题做一下自查,看看你是否容易陷入不健康的关系模式中。反思一下你当下的关系,尽量做一个公正的见证者,看清楚这段关系是怎么回事。如果你发现自己正置身于一段剥削型或者不平衡的关系中,最重要也是最首要的一步是切莫责怪自己,你进入这段关系仅仅说明你有一些需要未被满足，而你之所以有这些渴望一定是有原因的，那些原因是很单纯的，你要怀抱着兴趣与尊重对待它。从根本上看，迈向自由就是你不再从别人那里寻找子宫般的、全方位的、无条件的爱。如果你能放弃强求别人的冲动，对于你自己没得到的或者无法给予自己的，不再要求别人给你，那么你就真正自由了。

1. 在一段关系里，我想要的是什么？
2. 我的私人边界在哪里？
3. 在生活的哪些方面，我可以锻炼一下果断能力，直接说出我想要什么？
4. 我是否有"底线"，如果有，是什么？假如有人辜负我或者侵犯我的边界，那么，我最多允许这样的事发生几次？
5. 我有什么样的需要？在当下的关系中，它们有多少得到了满足，有多少没有？
6. 我要如何发展出能力，做自己最好的朋友、最好的倾听者以及最好的爱人？
7. 我是否有多种渠道而不是仅仅依赖一个人来满足我的情感需要？
8. 怎样才能把我的需要导入我的职业或者某种创造性追求？

避免过度厌烦以及被过度消耗

对于我们每一个人来说，想要做一个幸福快乐、身心和谐的人，就要让自己不断接近最佳唤起水平，让周围的物理环境对我们的刺激不要太强或太弱，在精神层面接收到的外界信息不要太多或太少。这也正是我们最脚踏实地、足智多谋以及最具创造力的状态。然而，因为你的敏感性，所以传统智慧中的指引或许不适用于你。

对于内向性及敏感性，当代的思想风潮更关注过度唤起的危险。例如，在《亲密关系：敏感的心灵该如何安放》(The Highly Sensitive Person in Love, 2001) 一书中，伊莱恩·阿伦博士就广泛讨论了与非高敏感度的人在一起时，高敏感度的人被外界刺激压垮的问题。但问题的另一面——在关系中唤醒不足的风险，还没有人讨论过。过度参与社交活动或许与你丰富的内心世界相左，大家喜闻乐见的参加集会或者看电影可能并不是你的兴趣所在，但因为"太敏感"而极力避免一切活动也是有问题的。情绪敏感并不是说你要避免受到任何刺激，而是你要找到正确的方式，适度地与人交往。

在一段亲密关系中，如果对方与你的情绪强烈水平有着巨大的差异，那么你们之间可能也会问题不断。你可能会发现，由于你们之间在感知觉接收能力及处理能力上存在巨大差异，你可能需要把真正的自己藏起来。你可能要有意识地减慢思考及讲话的速度，把你强烈的感受深埋在心底，克制住激动的情绪，把脑海中复杂的想法与概念简单化。或者压制住你对某些内容似乎"不成比例"（按照社会常规认为的"正常"来说）的激情。或许，没来由地，你会发现自己时常感到厌烦，坐立不安，为鸡毛蒜皮之事大发雷霆。如果你和伴侣无法分享同样深度的激情，那么在关系中的你可能比单身时更孤独。你可能更希望自己一个人待着，甚至与伴侣在一起时，也幻想着独属于你的时间。你的性欲可能一落千丈，而对伴侣失去欲望又让你内疚。在某些情况下，你甚至下意识地要"收缩"自己或者紧盯着自己的言行举止，以防伤害到对方的感情，如果你一直被社会标准或者养育环境制约，要求你要优先照顾他人的情感需要，那就尤为如此。长此以往，即使一开始彼此在身体上或者情感上强烈地互相吸引，最后这段关系也会变得令人不满，双方都倍感压力。

在关系中的你，有没有感到耗竭或者厌烦

◆ 耗竭

作为一个敏感的人，如果与一个脾气不相投的人进入一段亲密关系，那么你有可能感到耗竭。耗竭是因为你不尊重自己独处、反思、行动及自主性的需要，或者你过度地按照社会要求的标准行事，超出了自己的极限，还可能因为你无法拒绝对你来说过于消耗的一些活动。

被过度刺激后，你可能会出现一种慢性压力反应，这是你的交感神经过劳所致。在精神上，可能出现慢性焦虑，或者甩不掉的抑郁感受。常见的身体症状包括肾上腺疲劳症、甲状腺问题、消化问题、慢性疼痛、呼吸短促及失眠等。你还可能体会到一种

在医学上无法解释的不舒服感，比如，过敏、慢性疲劳以及应激性结肠综合征。另外，你对环境的敏感性可能会变高，噪声高一点，气味强烈一点，你都难以忍受。最后，你可能会发现自己过度地仰赖自我抚慰行为，比如吃东西或者超支消费等。

◆ 厌烦

作为一个敏感的人，如果关系中的对方在情感、智力或精神强度上都无法与你匹敌，那么你可能会觉得烦躁不安。下面是一些征兆，提示你可能会有这种情况：

- 你觉得坐立难安、急躁、没有耐心，对你的伴侣不耐烦。
- 你发现自己对伴侣"吹毛求疵"，难以忍受他的不良品质。
- 与伴侣待在一起时，你觉得空虚无聊。
- 你怀念只属于你一个人的时光与独处的空间，甚至幻想着重回单身。
- 比起自己待着，你和伴侣待在一起时感觉更孤独。
- 你感觉自己缺少性欲，没有激情（还可能泛化到你的整个生活，你总是感到无精打采，百无聊赖）。
- 易怒，缺乏爱意，让你觉得自己是个"坏人"。

如果你的伴侣不能满足你的需要，你要怎么办

在一段亲密关系中，双方在感受的深入程度、见解或者思想

的深刻程度方面，很难做到相互匹配。你的伴侣可能和你脾气不相投，或者情感强度水平不一致，但由于各种原因，你可能还是选择留在关系中。

这并不意味着你从此就踏上了绝望或者持续失望的道路。实际上，期待有人能全方位地满足你身体、心理以及精神层面的需要是不现实的。如果你的亲密爱人不能满足你的所有需要，那么你必须诚实地面对这一现实情况，然后前瞻性地寻找新的途径来满足你的需要，比如通过好朋友、社团、心理治疗，或者与你的灵性之源保持联系。

寻求滋养性互动

要让人生美满幸福，很重要的一点就是你要知道如何才能找到滋养性互动，既能够给予你足够的刺激又能令你满意的互动，不管是与亲密伴侣还是与关系外的人。

当遇见一个在智力、情感甚至精神层面与你强度相当的人时，你很容易进入"心流"状态，即最佳体验状态（参见第10章）。"心流"是契克森米哈赖提出的概念，人们在这种状态中时，是最快乐、最高产也最具创造力的，会体验到巨大的喜悦与深层次的满足。

下面的这些迹象表明你正处在滋养性互动中：

◀ 你可以做自己，不必收着。
◀ 你不必淡化自己见解的深度，不必解释或简化复杂的概念。

◂ 你感到轻松自然。不需要表现完美，心中一有想法冒出来你就可以公开地分享出来。

◂ 不需要掩饰自己的强烈感受，不害怕别人会承受不了，也不害怕自己暴露太多。

◂ 你感到你们的强烈程度与参与水平是对等的。

◂ 这是两个成年人之间的互动，双方在智力上都有能力照顾自己的情绪需要，你不必担心对方是否安好。

◂ 你们的关系里没有被动攻击、隐秘的嫉妒、迂回的攻击或者彼此心知肚明却不愿承认的权利不平衡。

◂ 你们营造的空间是独属于你们的平台，你们既可以严肃认真，也可以逍遥自在，同时还可以幽默风趣。

◂ 你会有一种狂喜的感觉，这种深深的喜悦感在你的记忆中被埋藏很久了。

◂ 每次回想起这些互动，你都倍感安慰同时又充满力量。

◂ 作为人，你们都获得了成长；你们的互动照亮彼此的心灵，丰富彼此的知识，提升彼此的心智水平。

◂ 你们彼此在情感上及智力上都能同频，甚至对方说了上一句，你都可以接下一句。

◀ 一次热烈交流过后，你可能会感到生机勃勃，就像重新充了电，还可能会有一点疲惫，但这是健康的疲惫，类似于好好地锻炼一番之后的感觉。

要营造可持续的舒服的伴侣关系，最关键是要时刻留意你自己的状态，时常评估一下你离自己的最佳唤起水平有多远，然后相应地调整行为。什么会消耗你，什么会滋养你，对这些知道得越多，越有自我意识，你就越有能力在你寻找并建立的关系中满足你自己的需要。生命中滋养性的相遇越多，你就越感到满足、平衡、完整以及被支持。我们的目的不是无情地把别人赶出你的生活，而是帮助你不断地了解你自己以及你独一无二的需要，并找到途径满足它们。

练习　行动要点

打开日记本做下面的练习。

1. 选出你生命中的 3 段关系，按照上文列出的各条评估这些关系。
2. 仔细体会每一次见面后你的感受，身体上的、心理上的以及情绪上的。反思每一次的互动留给你的感受，是滋养性的、安慰性的、赋能性的，还是消耗性的。
3. 想一想你怎么做可以让滋养性的互动增多，让消耗性的互动减少。

● 拥抱你的敏感情绪

你的盔甲

情绪敏感的人,神经网络天生自带这样的属性:与人交往、爱以及生活时会用尽全力,同时自带强劲的节奏。你曾经有能力爱自己的这些特征,非常用力地、无条件地并且是全身心地爱着,那时的你还没有被心碎、手段、算计,或者流言蜚语污染。

然而,从小到大,你的生活方式以及表达方式一直都如此激烈,所以可能一直都被人误解,有时候还被人拒绝。经年累月的回避、退缩,你可能已经开始憎恨那个渴望与人有深入联结的自己,决定把这一部分隐藏起来,或者干脆否认这一部分的存在。如果你曾经在爱与关系里受过伤或者经历过太多失望,那么你甚至可能采取一些自救措施来保护自己,比如为了不被伤害而远离所有人。被忧伤深深击中的你可能会劝说自己不要再去关心别人,很可能也会敦促自己对人与物"不要太依恋"。你的感觉可能会变迟钝,对周围世界的美不再有清晰的感受。最终,你的世界失去色彩与生机,不再充满爱与生命力。你可能会觉得你在保护自己不受伤害,岂不知你只是用了一半的心在生活。

反抗、绝望、冷漠

在早年与照料者之间缺少安全依恋的人,更容易过度使用冷漠作为人际间的应对策略。心理学家鲍尔比(Bowlby)和罗伯逊(Robertson)在关于依恋的开创性著作中,研究了儿童在体验到创伤性的分离与丧失后会发生什么变化(Bowlby et al., 1952)。研究发现，经历了与照料者创伤性分离的儿童身上会出现3种典型的应对分离策略：反抗、绝望和冷漠。想象一下把孩子从妈妈身边带走，一开始，孩子会大哭，四处寻找妈妈，这是反抗阶段。这时如果妈妈出现，及时回到孩子身边，那么孩子的痛苦就会得到缓解。然而，如果妈妈仍然不出现，孩子就会进入到绝望的阶段：变得安静、退缩、面无表情，慢慢放弃妈妈会回来的希望。这种状况延续下去，孩子会进入到冷漠阶段，不再需要任何人，即使妈妈回来，孩子也会好像不太认识她了，不再依恋她。他与妈妈、与世界的关系变淡了，不信任了。孩子一旦进入到这个阶段，就很难再出来。

也就是说，如果你早年的照料者情绪不稳定，或者你难以和他有情绪上的联结，那么你的记忆或许已经教会你："决不能"对他人有需要，不依赖任何人才是安全的。当一段关系慢慢变得亲密，你可能会害怕潜在的依恋。或者，你会变得完全自给自足，在暂时的舒适与控制感中获得愉悦。你也可能发誓为了避免失望再也不恋爱了，在别人推开你之前要先推开他们，甚至你还可能假装在恋爱，实际上心门紧闭。对信任的怀疑可能会让你接收不到别人的爱；甚至当别人真诚地表达对你的爱与欣赏时，你的自动反应也是拒绝，认为他不真诚，不是"真心的"。你可能会转而寻求替代品，比如食物，以及其他强迫性的自我抚慰行为来满足你对亲密的需要。尽管表面上这些远离人的策略似乎让你很"安全"，但你付出的代价过于惨重。加布里埃尔·伯恩斯坦（Gabrielle Bernstein，2011）一针见血地指出："我们能感受到爱，但我们不愿相信它,我们因恐惧而不敢相信。但其实,我们每个人的内心深处,都有一个安静的声音,呼唤着更美好的东西。"当你的情感麻木进而转变成空虚感、孤寂感时,你就会意识到,你的保护盾已经失去了作用,它正在使你远离想要的生活。

卸下盔甲

乍一看这有点反直觉,但只有当我们有能力哀悼生命中的变故时,我们才会生出爱的能力。万物无常的本质意味着,一个人全心全意地生活就必须接受丧失与结束。变化不是生活的一个方面,变化是生活本身。仔细想想,当下的每一个瞬间其实都是上一个瞬间的结束,每一个今天的来临都始于昨天的逝去。你与爱人一起度过的每一分每一秒也都是这样;世间万物都会结束,都在变化,无论何时,只要我们打开心门去爱,都会感觉到这种柔软与脆弱。这是深嵌于人性本质上的既伤感又美好的脆弱。

要找到自己建立关系的方式,你需要拥抱人类体验的各个层面。没有什么能够保证一个人长生不老,所以活着就意味着某种程度的脆弱。与生命类似,关系也是复杂而多变的,其中有痛苦有喜悦,有劳作也有嬉戏。布林·布朗(Brene Brown)在她关于脆弱性的开创性著作中教导我们,如果不能涵容脆弱性,快乐就成了不祥之兆(Brown, 2012)。如果我们想要避开日常生活中的悲伤,最终付出的代价会很高。左躲右藏,会切断我们与他人的联系,会让我们麻木,最终无法感受到喜悦;极力避免痛苦感受,我们会连感受喜悦与美好的能力也一起牺牲掉。因此,真诚的生活意味着从梦幻般的状态中觉醒,承认万物无常的本质,拥抱生命中的潮起潮落。

你必定会感到脆弱,因为当你选择活着,选择向他人完全敞开心扉时,你就与他人休戚与共,不可能完全置身事外了。但你的目的不是完全避免心碎,而是相信你自己心碎之后仍然能够活下去。伤害也许会发生,但也会过去;好的心理弹性是你的安全保障(参见第 9 章)。不管发生什么事,你内心的某些东西不会变,不会被打扰。培养勇气去接纳无常、丧失与死亡,你就能活得充实。毕竟,作为一个情感上有天赋的人,你天生就有能力发展深入且有意义的人际关系,深谙悲伤之味,细品死亡与分离,然后拥抱存在之焦虑,那是你活着的证据。

练习 与你的保护者对话

1. 看看保护者背后的你

让我们假定有一部分的你,我们称之为"保护者",总是让你与强烈情绪保持安全的距离,尤其当你身处人群之中,或者与其他人在一起的时候。"他"(也可以是她,或者它,选一个你最有感觉的)长久以来都在帮你应对那些淹没性的感受。他曾经非常有用,在你的生命中担任过非常重要的角色。

但是现在是时候让保护者背后的你站出来了。麻木掉痛感的同时,你也麻木掉了喜悦、激情、温柔,甚至爱的感受。这些感受还在那里,只是受到了抑制。它们就藏在你看似"平静"其实麻木平淡的外表之下。

当内在那个更加天真热情的你再次发出声音时,你可能会觉得非常的柔弱。你的感受以及对联结的渴望又回来了,你也可能会格外地情绪化。这是因为,当你重新找回自己内在的调节能力时,你也就与这么多年来一直被否认被拒绝的那一部分你团聚了。甚至你可能会发现自己深深地思念内在小孩,想念童年时候的你。与你所失去的一切达成和解,你或许会体验到一股非常复杂的感受,包括内疚、悲伤、恐惧与激动。虽然还不习惯,但这种感受是自然而然的,我向你保证,它们是很安全的。

2. 尊重你的防御

不必埋藏你全部的保护者,因为在成年人的关系里,"他"还可以发挥警示作用。孩子的天真以及不设防的信任令人喜悦,但同时也相当脆弱。实际上,正是保护者不断给你带来宝贵的知识和体验,不断丰富你的直觉。你有极高的直觉技巧及同调他人的能力,根据他人的身体语言,你能快速评估所处环境的安全等级。在技术上不断打磨,你的保护性直觉就成了了不起的保护者。只是当它变得过分僵化,走极端时,才会让你的生命消耗在对抗恐惧的战争中。

3. 安抚你的保护者

提醒你心怀恐惧的保护者,生命的终极目的不仅仅是活下来。你可以用事实教导他：生命本质上是不断变化的，我们所能做的就是适应与跟随。告诉他，因害怕失去而拒绝生命中的喜悦是愚蠢的，就像因害怕饥饿而从不进食一样愚蠢。

你可以向他保证，最糟糕的部分已经过去了，现在的你已然强大起来了，可以慢慢地接回那个温柔的、纤弱的，有点情绪化的你了。

4. 提醒自己你的适应能力非常好

你曾历经磨难，且收获非凡。你一直都是如此勇敢，现在你只需与自己内在的力量重新联结。只有冲破藩篱，才能享受全身心联结带来的喜悦。

找回爱的能力

如果你曾在关系里受伤，也已经学会了用距离来保护自己，那么从你的保护壳里出来可能很难。然而，既然你往日的伤痛深深植根于关系中，那么除非允许自己再次被他人伤害，否则旧伤是不可能痊愈的。

孤身一人与人际关联之间的存在性张力：既想与别人在一起又想妥善地保护好自己，这在某种程度上是全人类普遍存在的心结。埃里克·弗罗姆（Eric Fromm, 1956）提出，这种张力的解决之道是"关联"：亲密与独立的结合。

无论你多么害怕，请试着让内心的冰雪消融，让其他人进来，你的努力是值得的。当你终于能够放弃内心坚硬的防护（它虽然保护你远离痛苦，但也让你远离了喜悦与人际联结）时，你将抵达内心深处从未到过的温柔之处，那是你内心最纯洁、最本真的地方；真诚坦率是你最自然的状态，一直都是。不管你曾如何否认或者埋藏它，做真实自我的渴望一直都在，你想要全心全意地爱与信任，想要完全沉浸在爱里，想要体验极致的喜悦与兴奋。

然而，我们不是要盲目乐观、不顾社交动力与危险地冲进人群，而是要做到这一点：不因为旧的恐惧以及不必要的高警觉性而退缩不前。最终，你要学会在真诚坦率和让自己感觉安全之间找到平衡。

身处变化的惊涛骇浪之中，你必然会游移不定。你的大脑或许会把敞开心扉与信任别人后的感觉解读为危险的，你的心灵或许会认为放下戒备会导致危险与伤害。一部分的你仍然担心丧失、背叛与抛弃再次发生。这些都是对改变及改变带来的不确定的自然反应。

然而，面对这些挑战的不止你一人。当你在内心朝着关系性脆弱敞开自己时，你会看到周围的人与你有着类似的恐惧。比如，你可能也见过，你的亲密伴侣或者好朋友，就在你们的关系刚要进一步深入的时候却退缩了。对很多早年无法信赖照料者的人来说，他们根据经验假定你也会令他们失望或者最终会背叛他们。如果在成长之旅中看见了同路人，那么，你们就有机会携手并进，共同成长。

之前，你可能会认为依赖的对立面是独立。实际上，它们之间并不矛盾，两者都是成熟的品质，帮助一个人健康地活在这个世界上。希望或假装自己已经超越了人与人之间相互依赖的状况，或者否认自己的脆弱性，否认自己联结的需要，最终都不长久。

活着就需要依赖他人，与这一需要和平共处，你也会认识到，有些帮助是你需要提供给别人的。其他人带着自己的故事及渴望进入你的世界，你可以倾听、陪伴，不是出于自己的优越感或者完美感，而是源自人性的共通之处。

如果你们俩之前都受过伤，那么，在这里，在你们共有的这个空间里，彼此越来越觉得安全，安全到可以放松自我保护，允许自己的脆弱被看见、被认可，最终被接纳，通过这个过程，你们将各自找到路径，重回与人联结的状态。你可以在别人那里找到避风港而别人也能在你这里找到归属感。为了这个目的，你有意识有意愿地继续保持开放，会创造出一个空间，在这个空间里，你们可以共同成长。这一段旅程最大的收获就是认识到，与其惶惶终日担心暴露自己的脆弱，不如现在就投入一段以爱和喜悦为基础的关系。

一旦与你的本性重新联结，你就会想起从前本性被遏制是多么的痛苦。当你卸下盔甲，你就有可能拥有一段开放的、对等的，能够相互倾诉衷肠的关系。你就会有勇气不完美，有勇气打破理智化和完美主义，你不再需要伪装，你就是你自己。在适宜的场合，你也可以大胆地暴露自己。由于你越来越有能力涵容关系的不确定性、不可预料性以及无序性，你也就有能力为每一次相遇带来快乐、幽默、活力与趣味。

✓ 拥抱你的敏感情绪

当你放弃了旧的生存策略，让新的光照进生命，开始更多关注当下正在徐徐展开的无限可能后，你就一定能慢慢学会在安全的环境中表达真实的自己，找到属于你的一方天地，去歌颂生之美，而非忍受生之苦，去感受和平之美，而非惊恐之苦。你能够带着成年人的开放心态，去体验变化造成的心理落差。在这个新生之地，能够信任他人而不过于僵化或者天真脆弱，能够辉煌、慷慨并且明智地去爱。

📋 练习　重新找回爱的感觉

下面的练习帮你重新找回对他人敞开心扉的感觉，此外还有那个富有同理心与慈悲心的你。

读一遍下面的指导语，或许你愿意闭着眼睛完成这个练习，然后在日记本上记下你的感受。

1. 一开始，先在心中想起一个会让你微笑的人，你喜欢或者深爱的人。可以是任何人：你尊敬的导师、老师，甚至可以是一只宠物。他不一定健在。

2. 现在，想象你就站在那个人面前，他也正微笑地看着你。

3. 想着你对这个人的爱与喜欢，看看是否能在胸口感受到这股情感。对身上出现的所有感受不要去评判好与坏、对与错；尽可能地珍惜并培养感受到的一切。

4. 现在，想象爱与温暖的感受正在从你的身上流到对方身上，这样你就可以温柔地给予他这些感受了。

5. 接下来，你可以想想所有爱着你以及爱过你的人。他们围成一个圈环绕着你。他们对你有什么样的祝愿？他们从你身上看到了什么？想想你自己正在接受他们的爱，面带微笑，轻轻鞠躬，带着感恩之心，吸收他们对你的爱。

6. 现在，看看是否能在胸口感受到更多的爱与温柔，从胸口处缓缓地吸气呼气，就好像是从心底里呼吸一样。

7. 留意其他的身体感觉与变化，有没有感到温暖或者清凉？肩部及额头的肌肉是放松的还是收紧的？还注意到些什么？

8. 如果能够想象一幅画面，你或许愿意想象自己是正在盛放的玫瑰。随着花瓣逐渐张开，你渐渐明白，这盛放也正发生在你生命最深处。你的内心正在向世界开放，你正在给世界带来温暖与美好。

上面的想象仅仅是为了让你找回内在的爱与温暖，想象的细节无关紧要，只要这些感受能在心中升起就好。你要知道，这些感受一直都在你心中，不管这些人与物是否还在你身边，不管外面的世界发生了什么。只要与自己的内心世界重新联结在一起，你就能再次唤起这些感受。

第 13 章

实现你的创造性潜能

发挥你的创造力

创造性表达为一个人的高敏感度以及觉知天赋赋予了意义。

被定义为敏感的人,意味着你能看到、感受到别人看不到、感受不到的东西。由于你的意识觉知有多个层面,所以可以感知到更丰富的信息。你的一些想法可能是别人不会有的,甚至有时候别人会觉得你的这些想法"太过头",以至于你都想有一个停止键,让那些洞察与领悟不要这么快这么多地冒出来。然而这正是你创造力的源泉,你想要表达的、你的洞察、你的思想从此有了一个安全的出口。

"创造力"这个词,与"天赋"一样,被当代社会赋予了太多的意义。我们这里所说的创造力并不等同于大众称誉的成就。不是说你必须成为一个艺术家或者作家才能创造意义;过好每天的生活，做好每天的工作，就是在创造意义，做一顿饭，解决一个冲突，或者进行一场愉快的交谈，都是在创造意义。

生活中的意义感来自真诚的表达。敏感的、有情感天赋的人容易产生存在焦虑及抑郁：常常觉得有什么重要的事情要去做。甚至有时候你都不清楚自己的任务是什么，或者它似乎总是遥不可及，而你的内心深处却从未停止寻找。你有这样的体验，是因为感觉自己的天赋必须得到表达，不管它是什么；如果你躲避、退缩，从而抑制了你天赋的表达，就一定会体验到烦躁不安，心情沮丧。

然而有远见并不总是能让事情更容易。真正的创造意味着推陈出新，创造出之前没有的东西。纵观历史你会发现，最初的贡献者通常在他所处的那个时代并不为人所理解。对于某些艺术家，比如凡高，我们是在他死后才明白他的作品有多伟大。作为一个超凡脱俗的人，你的任务是给人带去他们自己都不知道的需要。你来到这个世界上，不只是要适应，还要为这个世界带来新的选择与洞见。因此，尊重你自己的道路或许意味着，在一段时间内，别人可能会误解你，反对你所说的。

尽管会面临巨大的挑战，但创造也会带来非凡的回报。对于情感上有天赋的敏感之人来说，创造力一开始就伴随着活力，这股活力会推动你表达独属于你的观点和见解。在创造活力的引领下，你会专注于目标，那些疑问、困惑以及决策疲劳自然会一扫而空。你的烦躁感会减少，日常生活中的不便也不会太干扰你。你再也没时间拖延或者分心，因而也就别无选择，必须要拿出勇

> 拥抱你的敏感情绪

气对无用的事说"不"。有了这样的目标,你会整理自己的生活,把那些阻碍你的生理及心理障碍移除。沿着创造之路前进,终有一天,你会抵达自己的喜悦之地,到那时,愉快的心情会把所有焦虑都推到幕后。而在此之前,你已经变成更具弹性、更富有成效的你了。

发挥创造力的同时,你也会慢慢明白,你有责任去用,而不是隐藏你的情绪天分、你的敏感性与觉知力。你有能力把深刻的感受与活跃的理智大脑结合起来,有能力为世界做出强有力的贡献。有了创意,你就有责任使之开花结果。世上只有一个你,你的见解独一无二,如果你压制它,世界将错失它。因此,使用你的天分不是自我中心的行为,而是一种责任。留下你的印记,你创造意义不只是为你自己,也是为这个世界,压抑自己,做小伏低并不会给任何人带来好处。

📋 练习　发挥你的创造力

找一个安静的地方,闭上眼睛,给你自己至少 10 分钟的时间。现在,让你的思绪在回忆里游荡,找到一个你曾经强烈想要表达自己的时刻。

那时,你或许独自一人,或许还有其他人和你在一起;那时或许你还是个孩子,或许你已经长大。

或许,你迫切地想要发表意见或者做些什么。你想要表达自己,不管用什么方式:演讲、写作、画画、歌唱,哪怕只是和人交流一会儿。但我们不是要形成作品,或者取得什么成就,只是感受一下你的"创造力",体会一种热情,一种强烈的情绪爆发,或者一种内在的心跳加速的感觉,推动着你去表达自己独一无二的观点与见解。

不要理会你内心的批评,寻找那股冲动,哪怕它最终并没有转化成行动。

如果有好几段回忆涌现出来,选一个你最有感觉的,全心全意地感受你的力量。这就是你的创造力,是把你的天赋导向成就的桥梁。现在,问你自己下面的问题:

- ◀"当我处于这种状态时,我是怎么看我自己的?"
- ◀"我是怎么看别人的,怎么看世界的?"

让你的创造力渗透进你的身体,想象它充满你的全身。

或许,你感觉它就像一股暖流,流遍全身,或者像一束光,倾泻在你身上。不管哪种方式,只要适合你就好,试着在这种感觉里待几分钟,不要分神。

向内寻找你的创造使命

现在,既然你已经明白,作为一个敏感的人,你人生的一部分就是要去创造,那么你可能要问自己:我要从哪里开始?许多人多年求索,就是为了搞清楚自己想要做什么,或者自己想要爱谁。有人把这称为使命,有人称之为心声,答案通常不止一个。如果想让这个求索的过程不那么艰辛,不那么令人畏惧,你就必须明白,创造使命不在外面,它来自你的内心。

这个世界总是盯着一个人的成就,如果我们也让成就来定义自己,而不是让天赋自然地流淌,就会很容易迷失自我。寻找使命是一个由内而外的过程,不是自外向内。

创造是为了向别人证明自己,还是出于纯然快乐地表达自己,这两者是非常不同的。如果做事的动机是因为匮乏:希望得到赞同、认可与表扬,那么我们就会唯结果是论。相比而言,如果我们的动机除了真实地表达自己外别无其他,我们就立刻从自我本位的恐惧中解脱出来了。

许多成功的艺术家和发明家,一开始都是出于自己开心快乐。他们发明创造是因为强烈希望表达自己,希望被看见、被听见。这个过程一开始可能是秘密进行的,在自己的小房间里捣鼓,或者在自己的脑袋瓜里幻想。然而,如果受到外界的关注越来越多,很多人也可能沦为自己创造性成功的奴隶。那时候,他们开始焦急地寻求别人的反馈,或者拿自己的成就与人比较。他们越是把自身的价值与自我定义捆绑在创作成果上,他们的路就会越走越窄。突然有天,他们发现,工作已经占据了自己所有的时间与精力,自己所做的一切都与个人利益挂钩,所有的负面反馈都像是人身攻击。他们不顾一切,投入越来越多,希望能证明自己,最终陷入一个恶性循环,让生活失去所有乐趣。到头来,最初给他们带来成功的天赋就这样被浪费了。

完全用工作来定义你的存在，会让情绪变得极其脆弱，因为你完全被得与失、被别人的赞扬和批评牵着鼻子走，你会失去自己的完整性，忘记你的价值所在。反过来，只是专注地表达真实的心声，你就不会脱离正轨。随着你在创造性心流状态中不断深入，创造会变成一个不断深入内心的过程。对于在情感上有天赋、情绪强烈的人来说，"找到内心的声音"这个说法不是非常准确。实际上你的任务是走进内心深处，"想起"你的心声。创造在你这里其实是认可，不再否认你一直看见、感受到及知道的东西。想象这是一个逆向工程，你卸下一层层的内疚、羞耻，这些东西一直在阻碍你，让你无法表达自己敏锐的观察，自己对社交动力的独到见解，以及世界还没准备好聆听的一些革命性思想。对于这个世界，你有独特的创造性贡献，这些贡献从你的潜能、品质以及你存在的本质中自然散发出来。毕加索说"孩子都是艺术家"；然而，我们的心声已被遗忘太久了。问问你自己：想要有所作为吗？你是要努力追寻那些本来就不存在的虚幻名利，还是表达你依然存在的心声？你相信自己本性良善，相信自己内心的声音吗？无论何时，在遇到坎坷后，你如果能从内心去寻找答案的话，那么最终你一定会信任那些已然在你心里的东西。你的生命体验，你独到的见解，如果你不表达出来，它们可能就再也不为人所知了。当你明白自己是一个真正的灵感源泉，一口创意之井，深不见底、永不枯竭后，工作也会成为一件令人兴奋的事。

发出你自己的声音，让世界知道你的敏感，你的同理心，这

- 拥抱你的敏感情绪

么做不仅是在捍卫你的权利，同时也在替所有情绪强烈、充满热情的人发声。你的勇气不止让他人从你的故事里找到归宿，同时也解放了他们，他们也可以自由地表达自己了。

拥有这样的天赋是一件值得庆贺的事，你就是一个情绪强烈的人，理直气壮地坦然面对自己的情绪状态不仅是一个疗愈的过程，同时还有深刻的意义。

📋 练习　向内寻找你作为一个敏感之人的创造性使命

创造性使命不是你在自身之外寻找的东西，也不是某种外在的召唤。它是永驻内心的一份礼物，你所要做的就是找到它。很有可能，你的灵魂一直试图通过你的行为、感受及直觉施以援手，假如你能花些时间仔细聆听，不急着做判断，它会指引你找到真理，给你答案。

思考下面的问题来反思你自己，并写在日记本里。

1. 生活中最让你着迷的是什么？

盘点一下你的人生。看看从小到大，你长久以来的兴趣是什么，空闲时间你都在干什么。浏览一下你的书柜、电影心愿单，以及经常购买的多媒体内容。最让你兴奋的、最能激发你活力的是哪些？你最欣赏的人物是谁？为什么欣赏他？画一张心灵地图，上面记录所有激励你或者对你有影响的事物：可以是一支笔、一本书、一部电影、一首歌、一篇文章、一场研讨会，甚至可以是一次难忘的谈话。

2. 什么能让你心欢唱？

小时候你最喜欢做的事是什么？列一张表，记下在独自一人的闲暇时光里你最喜欢做的事情。什么时候你感到时光飞逝？当你参与其中的活动能让你心欢唱时，你很可能会体会到一种深刻的意义感，专心致志，或者感到精力充沛。比起结果来说，这个过程本身就是一种恩赐。

3. 什么会让你怒火中烧？

什么会激怒你？什么会让你感到沮丧？

最后一次捍卫某人或某事，是什么时候？是因为什么事？在这世上，某些问题的现状是否让你痛苦沮丧？在某些情境中，你能否看到或感觉到某些不足之处？

4. 什么事除了你之外其他人都做不到？

或许你心里很清楚某件事可以有不同的做法，或者，你对于某人某物的潜力有独到的见解。

把上面列出的内容归类，然后按主题合并，合并后的主题不要超过三个。在做的过程中尽量不要审查或评判，也不要让传统观点限制你。对于在世上"留下点什么"，人们想法各异：有人想要创立一家企业，有人想要传播思想，有人希望尽可能做好父母，有人想要通过艺术真实地表达自己。你也可以有多个想法。但始终不变的是，你只能努力做最好的自己：其他角色都有人去做了。

建立创造力联盟

尽管有喜悦、成功与满足，但创造过程也不是没有痛苦。与其他工作不一样，创造过程是非线性的、不可捉摸，且难以预测，简言之，是凌乱的。你习惯于像火箭一样勇往直前，但有一天却遭遇了灵感"枯竭期"。有人称之为作家或者艺术家的灵感阻滞，但你不一定要从事传统艺术事业才能体验到阻滞。当你已经尽己所能，还要逼自己努力创新时，你知道，那就是灵感枯竭期到了。你的创造性焦虑可能会表现为总是担心自己没有实现潜能，害怕自己是在"浪费生命"。许多有情感天赋的人常常纠结于自己只是"存在"着，什么都没"做"。因为你总是能看到可能性，所以你总觉得必须要努力把你所看见的都变成现实，不能浪费一分一秒的时间。甚至，即便是一股健康的动力驱使着你更优秀，它仍然会表现为一种持续性的存在恐惧，一种不安感，总觉得自己不够努力，或者效率不高。

或许你还记得，当初兴高采烈地开始一段创造之旅，信心满满地准备干一番事业，然而几个月后，就走到了进退两难的境地，只觉得混乱与迷茫。这时候你可能会觉得心烦意乱、筋疲力尽，不知如何是好。实际上，有一个术语正是来形容这种现象的，叫"坎特定律"（Kanter's law）（Kanter，1984）：创造之旅的中间段才是我们最脆弱的时期，不再像开始的时候那么让人充满信心，却还没到达结束前的冲刺阶段。在这个考验期，你可以学着从更伟大的事物中汲取力量。可以趁这个机会练习一下我所说的"创造力联盟"：

让自己谦逊地依靠更伟大的力量，稍微放手，不再那么有控制欲。"创造力联盟"会提供一个缓冲区，可以减轻你的烦躁不安、失望与恐惧，你在踏上创造之旅时需要这种基本的结盟能力。

建立创造力联盟意味着你只把自己看成一个容器，或者一截管道，承载或导引着创造力，这些创造力来自更伟大的力量。结盟不一定要通过信教的形式。世界上成功的艺术家以及有成就的人都是慢慢领略这个智慧的。《美食、祈祷和恋爱》（*Eat, Pray, Love*）以及《去当你想当的任何人吧：寻找自我的魔法》（*Big Magic: Creative Living Beyond Fear*）的作者，伊丽莎白·吉尔伯特（Elizabeth Gilbert，2009）告诉我们，在文艺复兴之前，"天才"这个词的含义与现在不同。古希腊和罗马人认为，是天才经由一个人在发挥作用，而不是这个人就是天才。这个说法类似于我们理解的"守护天使"的概念，罗马人相信天才是一个有魔力的神圣实体，会在无形中帮助艺术家创作。按照这种观点，你知道不管你有什么能力，取得了多大的成就，其实都归功于看不见的神圣实体，创作的过程不完全是你一个人在参与。你所能做的，只是展现，竭尽全力，结果并不由你决定。朱莉娅·卡梅伦（Julia Cameron），她的《创意，是一笔灵魂交易》（*The Artist's Way*，1995）是在创造力指南方面的畅销书，书中说："生命是灵魂之舞，假如我们允许自己被引领，看不见的舞伴会一步一步教导我们。"

在神圣的印度教经书《薄伽梵歌》（*Bhagavad Gita*）（Easwaran，2007）里，我们也能找到这种智慧。在书中，克里希纳（Krishna）告诉阿诸那（Arjuna），正确的态度是专注于行动的完整性，不要在意结果:"在完成动作的过程中,让心灵专注于神,让自己了无牵绊,以同样的眼光看待成功与失败。"不在意赞美与批评,专注于表达真实的自己,你就会获得勇气坚持自己选择的事业。

建立创造力联盟是为了平衡你的感受力与行动力之间的紧张。从实践的角度说,它包括维持身体健康、征求他人建议、优化你的能量以及让你的产出最大化等。从更微妙的能量层面来说,平衡能否达成,要看你是否准备好接受指引以及是否能敞开心扉允许一些不受你控制的内容进入。一旦能够全身心地投入工作,你就自由了。就像伍迪·艾伦(Woody Allen)说的,对于艺术家来说,(一旦全身心投入工作)"就已经成功了 80%。"

了解创作过程固有的"四季变换",能在遇到瓶颈时帮你更好地驾驭情绪的起伏。所有创作的过程都有固定的阶段。尽管有形的成果带来的波峰体验让人安心,但一直停留在这个状态并没有多少好处,或者说是不正常的。想象你自己是个园丁,你的作品就像一粒种子,需要播种,还需要浇灌,才能开花结果。就像生成实际的文字和图像需要时间一样,你也需要时间去研究,让你的思想成形。如果你对创作过程没有信心,这个孵化的过程将会很难熬。

或许你会用已完成工作的数量、为别人付出的时间,或者一天挣多少钱来衡量你的创造成果,但通常,更多的工作是在你不知不觉的情况下在幕后完成的。你休息、打盹、玩耍、休假以及娱乐,(如果不是更多的话)至少也一样富有成效与意义。讽刺的是,如果固守僵化的观念,认为自己"应该"做什么,"必须"做多少,那么我们就正在破坏努力实现的目标。相反,如果能够让自己的身体信号、好奇心以及热情引导我们，我们就会既轻松又有灵感。

要是你"沉迷"于游戏、在休息及娱乐上花时间，其实并不是工作不专心，反而是对工作有所助益呢？研究发现，"拖延"的人更有创意（Grant，2017）。这是因为之前受人诟病的"拖延"实际上是一种"生产性漫游"，在漫游中我们会收集信息，让想法慢慢地形成并发展，最后形成一些很有新意的思想。

要是你本身就有一个智慧的内部机制，只是你的意识大脑并不清楚它的运作方式呢？就像所有设计好的系统一样，你的潜意识大脑一直都在工作，在不断适应、调整、做决策，以获得功能性平衡。就像自然界的一切事物一样，它有自己的节奏，时而动时而静，时而工作时而休息，除非你抵制它，否则它完全与"道"同步。我并不是建议你在灵感枯竭期停止所有工作，而是希望你能承认它的存在，并好好利用它。不用积极创作的时光也可以是令人兴奋的，正好你可以借此机会重新再来看看当初的规划，不忘初心，用全新的眼光重新看待一切，再次点燃你心中孩童般的好奇。在这个时间段你还可以欢快地扎进图书馆或者媒体中去收集灵感。

如果你只是为了写而写、为了画而画、为了做事而做事、为了工作而工作，那肯定是没效率的。你不必把日常活动区分为"有产出"和"无产出"，它们都是你完整生活的一部分。当你掉进旧习惯中又开始责怪自己"浪费时间"或者"拖延"时，看看可不可以这样想：这段时间是你用来放松你的创作神经的，它不是你创作过程的障碍，而是其中的一部分。要相信这一潜意识的自然秩序，比起你意识心灵的计划、意愿和评判，它要强大得多。

由于不断奋斗与追求完美的人格特质，许多有创造天赋的人都很难顺其自然，把自己交给看不见的力量。如果你也是这样，那么第一步可能要先培养信任，相信眼下的一切已经"足够"。成败不足以论英雄，结果不能定义你。你可以告诉自己"我已经挺好的了"，然后放弃那些评判需要，不再用有用或者高产来评判你的存在价值。那个顽固的、批判性的小我可能会感到困惑，觉得顺其自然的懒散是不对的，但是智慧自我明白，长期处于"想要做得更多"的压力之下，只能引发慢性应激状态及焦虑，最终的结果就是耗竭。顺其自然是出于爱，消极怠惰是出于恐惧。

说回真实地表达自己，你也要倾向于把它看作持续一生的过程。上天赐予你天赋、灵感与激情，那是因为有一个比你更伟大的存在选中了你作为表达的媒介。因此，纵然生命并没有按照你的计划进行，进展慢到让你焦虑，然而该做的事一定会完成。快慢不是由你来判断的，你的贡献是否有价值也不是由你来判断的，你也无须与他人攀比。你所做的就是一步一个脚印踏踏实实往前走，其他的顺其自然。如果你总是感到不耐烦，看看可不可以让自己眼界更开阔一些。目前这一步仅仅是你创造旅途上的一小步，你的身体需要通过休息再次充满活力，对于这场持久战来说，这一需要不是威胁，而是盟友。这样一来，你的情绪就不会因为每天是否有成果而上下波动了。

这一练习的核心是这样一种思维模式：你的创造性活动是

"借由"你来完成的,而不是"由"你完成。依靠并不是怠惰,而是出于信任而采取的行动,不再执着于特定的结果。这种思维模式不仅会扫除压力与焦虑,还会激发你的最佳表现。放手自己的控制需要,你就打开了一扇门,会接收到无尽的能量、灵感以及安心。纵然逼迫、努力和控制曾经带给你成功,然而现在这些已经不能带领你前进了。相反,试着去聆听自己的心声、去信任自己,试着放手,顺其自然,给你自己一个机会,依靠创造力联盟,深深体会这种依靠带来的力量感。

练习 行动与放手

打开日记本,做下面的练习。

1. 选择一个你觉得卡住了的主题或者创造性项目。可以是生活中让你为难的某件事,你想要解决的问题,或者你手上正处于停滞状态的一个项目。
2. 打开日记本,摊开来,放在面前,现在你有了空白的两页纸。
3. 在左边的一页写下"去做",在右边的一页写下"放手"。
4. 在"去做"页,列出所有可以解决问题的行动。
5. 在"放手"页,列出所有超出你控制的东西;这些东西现在你要选择去放手,让自己服从自然的生命秩序。

这封信，给每一个充满激情的灵魂

　　如果用一句话来总结这本书的内容，那就是：你没什么问题。不仅如此，你还有一个非凡的、与众不同的、充满勇气的灵魂。

　　在我们的社会中，正常就是用麻木极力掩盖所有的强烈情绪及存在焦虑。当事情多到难以忍受，我们就想要闭上眼睛，假装什么都没有发生，这是人的本性。忙忙碌碌不去思考，醉生梦死只顾享乐，会让一个人的心智变迟钝。过一种没有热情的生活，通常是因为这种生活在感觉上更容易、更安全一点，哪怕只是在表面上。

　　然而，灵魂敏锐敏感的人很难这样做。你的敏感让你常常觉得，自己像是身处异乡的陌生人，动不动就想落泪，对周围的环境心有戚戚，对周围人的痛苦感同身受。

　　并不是你想与众不同，或者假装特立独行，而是你根本没法不这样看、不这样感受，这是你的本能。你大概做不到对现实的严酷与黑暗睁一只眼闭一只眼，也没法忽视死亡、变幻无常以及不确定性这些终极命题。

你如此敏感，无法与这世上的伪善同流合污。你对这世间的真相、不公、痛苦以及苦痛之美，有着独特的觉知。有人说你敏锐过人，觉知力非凡；或许还会称你是一个老灵魂，或许你自己也这么觉得。你多愁善感，思忖着世间好物不牢靠，彩云易散琉璃碎，心中萦绕着圣洁的乡愁，无从排遣。

尽管其他人不明白，你也可能还没认识到，但是做真实的你的确需要非常大的勇气。充满热情地生活不是那么容易，这是一条少有人走的路。"热情"这个词来源于拉丁语的动词"patio"，意思是"受苦"及"忍耐"。热情的生活必须要有开放的心胸，这意味着面对人生的起伏、得失、欢乐与苦痛，你都要一如既往地积极面对。一旦踏上了这条热情之路，就注定要面对现实的坎坷：既包括生活本身的挑战和不确定性，还有这些给你带来的伤痛、麻烦以及疲累。

你可能会觉得必须要严肃对待生活，你渴望充实而激烈的生活，带着全部的激情，开足马力。即使遇到困难，你那颗热情而有天赋的灵魂也决不妥协，容不得半点懈怠。这世上的一切你都好奇，都想要去拥抱。然而在内心深处，你知道，到最后，你能体验到的生之喜悦与你能忍耐的痛苦成正比。毕竟，丧失了心的敏感，生活哪里还值得一过？正是敏感给你的生命带来如此丰富的色彩与意义。虽然它既带来喜悦也带来恐惧，但它是生命中珍贵难忘体验的源泉。

如果从更高的层面去思考，你就会明白，作为一个异常敏感、情绪强烈以及有情感天赋的人，你来到这个世界上、出生在某个家庭或者部落里，既不是偶然的，也不是不幸的。

或许，你经历了这么多就是为了开辟一条新的道路。对于你受的苦，我决不愿轻描淡写，但你的经历是发现你自己的使命及命运的必由之路。

假如你允许自己查看旧伤口，并有勇气回忆痛苦的过往；假如你有力量、有耐心让悲伤与愤怒被看见，不再压抑它们，也不再紧抓住它们不放，那么你最终将抵达心灵的最深处，在那里，你将获得最深刻的洞察与成长。正如莱昂纳德·科恩（Leonard Cohen）在《颂歌》（*Anthem*）中唱到的"万物皆有裂隙，那是光照进来的地方"。

如果你愿意承认有这样的可能性：你之前认为是"错的"东西，其实是"对的"，你的世界就会豁然开朗。突然，一切都对了：过往的被误解、被嘲笑，其实都是生活的邀请，请你勇敢地走上前来。生活在呼唤你，一个有远见的人，一个充满激情的叛逆者，一个天才的艺术家，一个睿智的老灵魂，勇敢地站出来吧！从这一点来说，你的挣扎与痛苦并不是没有意义，它们是一张请柬。

就像是一次旅程，你是那个把热情与真理带回到我们集体心灵中的人。你天生就是这世上的先驱者：你是发问者，也是进步派，你的作用就是揭示其他人还看不见或者理解不了的现实。你可以否认、对抗，但最终，你将无法压制自己独到的见解与观点。哪怕你并没有选择这条路，但这就是你的路。

当你能够把审美能力与热情结合在一起，并与你的智慧与创造力相联结时，你对生命的热忱才真正表现为天赋。纵观历史，这正是艺术家与诗人毕生的写照。然而，让人悲哀的是，不论是在历史上还是今天，那些有远见、有洞察力的人仍然被世人看作发疯、病态，甚至精神分裂。

要引导你的天赋产生艺术性或者创造性成果，首先必须与你的强烈情绪友好共处。关键是你不要再次掉进陷阱，认为这是一种障碍或者局限。不要让你的敏感淹没你、压制你并孤立你，而要用它来创建框架与意义，用它来找到你的同道中人，最终，实现你的最大潜能。

你的敏感与激烈是开启所有潜能的钥匙。隐藏与退缩会阻碍你把天赋带到这个世界来，你来到这个世界上不是来做低伏小的。

一旦学会拥抱你的情绪敏感、强烈与天赋，你就会明白，它们会带着你奔向自由与宁静。最终，你不再抵抗，不再假装，不再压制、隐藏你敏感与强烈的天性。活得真实，就是既丰富又充满矛盾：没道理却很坚定，有时恐惧有时安心，纵然像家一样温暖仍然觉得陌生；在动荡不安中，却感受到轻松、兴奋、希望与快乐的暗流在涌动，一波接一波的喜悦，仿佛你最深层的自我找到了真正的家园。

现在，我从赫尔曼·黑塞（Hermann Hesse，1919）的书《德

- 拥抱你的敏感情绪

米安：彷徨少年时》（*Demian: The Story of Emil Sinclair's Youth*）中摘引出这句话，送给你，并祝你在这异常珍贵、史诗般的人生旅途中一路安好。

"我们这些戴着烙印的人很可能会被世人看作奇怪的，甚至是疯狂的和危险的。我们已经醒了，或者正在觉醒，我们一直在努力寻找一种可能存在的完美的清醒状态。"

延伸阅读

Adamski, A., 'Archetypes and the collective unconscious of Carl G. Jung in the light of quantum psychology', *NeuroQuantology*, 9 (3) (2011, pp. 563–71)

Ainsworth, M.D.S., Blehar, M.C., Waters, E. and Wall, S.N., *Patterns of Attachment: A Psychological Study of the Strange Situation* (Psychology Press, 2015)

American Mensa Ltd., 'Gifted characteristics' [Accessed 31 May 2017]

Andersen, H.C., *The Ugly Duckling* (IE Clark Publications, 1995)

Aron, E., *The Highly Sensitive Person* (Kensington Publishing Corp., 1996)

Aron, E., *The Highly Sensitive Person In Love: Understanding And Managing Relationships When The World Overwhelms You* (Harmony, 2001)

Aron, E., 'Is sensitivity the same as being gifted?' Comfort Zone email newsletter, November 2004

Batson, C.D., 'Prosocial motivation: is it ever truly altruistic?',

Advances in Experimental Social Psychology, 20 (1987, pp. 65–122)

Bernstein, G., *Spirit Junkie: A Radical Road to Discovering Self-love and Miracles* (Hay House, Inc., 2011)

Besel, L.D. and Yuille, J.C., 'Individual differences in empathy: The role of facial expression recognition', *Personality and Individual Differences*, 49 (2) (2010, pp. 107–12)

Bockian, N.R. and Villagran, N.E., *New Hope for People with Borderline Personality Disorder: Your Friendly, Authoritative Guide to the Latest in Traditional and Complementary Solutions* (Harmony, 2011)

Bowlby, J., *A Secure Base: Clinical Applications of Attachment Theory*, Vol. 393 (Taylor and Francis, 2005)

Bowlby, J., Robertson, J. and Rosenbluth, D., 'A Two-Year-Old Goes to Hospital', *The Psychoanalytic Study of the Child*, 7(1), (1952, pp.82–94)

Breathnach, S.B., *Simple Abundance: A Daybook of Comfort and Joy* (Hachette UK, 2011)

Brown, B., *The Power of Vulnerability: Teachings on authenticity, connection and courage* (Sounds True, 2012)

Cain, S., *Quiet: The Power of Introverts in a World that Can't Stop Talking* (Broadway Books, 2013)

Cameron, J., *The Artist's Way: A Course in Discovering and Recovering Your Creative Self* (Pan Macmillan, 1995)

Chikovani, G., Babuadze, L., Iashvili, N., Gvalia, T. and Surguladze, S., 'Empathy costs: negative emotional bias in high empathizers', *Psychiatry Research*, 229 (1) (2015, pp. 340–6)

Chodron, P., *Taking the Leap: Freeing Ourselves from Old Habits and Fears* (Shambhala Publications, 2009)

Clark, G.A. and Zimmerman, E., *Issues and Practices Related to Identification of Gifted and Talented Students in the Visual Arts* (No. 9202) (National Research Center on the Gifted and Talented, 1992)

Coelho, P., *Like the Flowing River: Thoughts and Reflections* (Harper Collins UK, 2006)

Cooper, J.F., *The American Democrat: Or, Hints on the Social and Civic Relations of the United States of America* (H. & E. Phinney, 1838)

Csíkszentmihályi, M., *Flow and the Psychology of Discovery and Invention* (New York: Harper Collins, 1996)

Csíkszentmihályi, M., *Flow, The Secret to Happiness* (TED Talk, 2004) at www.ted.com/talks/mihaly_csikszentmihalyi_on_flow

Curtis, H., *Everyday Life and the Unconscious Mind: An Introduction to Psychoanalytic Concepts* (Karnac Books, 2015)

Dąbrowski, K., 'The theory of positive disintegration', *International Journal of Psychiatry*, 2 (2) (1966, pp. 229–49)

Damasio, A.R., *Descartes' Error* (Random House, 2006)

Daniels, S. and Piechowski, M.M., *Living with Intensity: Understanding the Sensitivity, Excitability, and Emotional Development of Gifted Children, Adolescents, and Adults* (Great Potential Press, Inc., 2009)

Davis, M.H., 'Measuring individual differences in empathy: evidence for a multidimensional approach', *Journal of Personality and Social Psychology*, 44 (1) (1983, pp. 113–26)

Domes, G., Schulze, L. and Herpertz, S.C., 'Emotion recognition in borderline personality disorder – a review of the literature', *Journal of Personality Disorders*, 23 (1) (2009, pp. 6–19)

Dweck, C.S., *Mindset: The New Psychology of Success* (Random House Digital, 2008)

Easwaran, E., *The Bhagavad Gita* (Classics of Indian Spirituality) (Nilgiri Press, 2007)

Eisenberg, N. and Miller, P.A., 'The relation of empathy to prosocial and related behaviors', *Psychological Bulletin*, 101 (1) (1987, p. 91)

Eisenberg, N., Fabes, R.A., Miller, P.A., Fultz, J., Shell, R., Mathy, R.M. and Reno, R.R., 'Relation of sympathy and personal distress to prosocial behavior: a multimethod study', *Journal of*

Personality and Social Psychology, 57 (1) (1989, p. 55)

Falk, R. F., Lind, S., Miller, N.B., Piechowski, M.M. and Silverman, L.K., 'The Over-Excitability Questionnaire – Two (OEQII): Manual, Scoring System, and Questionnaire', *Institute for the Study of Advanced* Development (Denver, 1999)

Fertuck, E.A., Jekal, A., Song, I., Wyman, B., Morris, M.C., Wilson, S.T., Brodsky, B.S. and Stanley, B., 'Enhanced "reading the mind in the eyes" in borderline personality disorder compared to healthy controls', *Psychological Medicine*, 39 (12) (2009, pp. 1979–88)

Fonagy, P., Luyten, P. and Strathearn, L., 'Borderline personality disorder, mentalization, and the neurobiology of attachment', *Infant Mental Health Journal*, 32 (1) (2011, pp. 47–69)

Franzen, N., Hagenhoff, M., Baer, N., Schmidt, A., Mier, D., Sammer, G., Gallhofer, B., Kirsch, P. and Lis, S., 'Superior "theory of mind" in Borderline personality disorder: an analysis of interaction behavior in a virtual trust game', *Psychiatry Research*, 187 (1) (2011, pp. 224–33)

Freed, J.N., 'Tutoring techniques for the gifted', *Understanding our Gifted*, 2 (6) (1990, p. 1)

Fromm, E., *The Art of Loving* (NY: Harper, 1956)

Gagné, F., 'Giftedness and talent: re-examining a re-examination of the definitions', *Gifted Child Quarterly*, 29 (3) (1985, pp. 103–12)

Gardner, H., *Frames of Mind. The Theory* (1983)

Gardner, H., ' "Multiple intelligences" as a catalyst', *The English Journal*, 84 (8) (1995, pp. 16–18)

Gardner, H., *Intelligence Reframed: Multiple intelligences for the 21st century* (Basic Books, 1999)

Gilbert, E., *Your Elusive Creative Genius* (TED Talk, February 2009), at: www.ted.com/talks/elizabeth_gilbert_on_genius

Gleichgerrcht, E. and Decety, J., 'Empathy in clinical practice: how individual dispositions, gender, and experience moderate empathic concern, burnout, and emotional distress in physicians', *PLoS One*, 8 (4) (2013, p. e61526)

Grandpierre, A., 'On the origin of solar cycle periodicity', *Astrophysics and Space Science*, 243 (2) (1996, pp. 393–400)

Grant, A., *Originals: How non-conformists move the world* (Penguin, 2017)

Hartmann, E., 'Boundaries of dreams, boundaries of dreamers: thin and thick boundaries as a new personality measure', *Psychiatric Journal of the University of Ottawa* (1989)

Hartmann, E., *Boundaries in the Mind: A New Psychology of Personality* (Basic Books, 1991)

Hartmann, E., 'The concept of boundaries in counselling and psychotherapy', *British Journal of Guidance and Counselling*, 25 (2) (1997, pp. 147–62)

Heidegger, M., *Ontologie: (Hermeneutik der Faktizität)*, Vol. 63 (Vittorio Klostermann, 1995)

Heidegger, M., *Being and Time: A translation of Sein und Zeit* (Suny Press, 1996)

Heller, L. and LaPierre, A., *Healing Developmental Trauma: How Early Trauma Affects Self-regulation, Self-image, and the Capacity for Relationship* (North Atlantic Books, 2012)

Hesse, H., *Demian: The Story of Emil Sinclair's Youth* (1919; trans. by Michael Roloff and Michael Lebeck, 1965)

Hoffman, E., *Vision of Innocence: Spiritual and inspirational experiences of childhood* (Boston: Shambala, 1992)

Jacobsen, M.E., *The Gifted Adult: A Revolutionary Guide for Liberating Everyday Genius* (Ballantine Books, 2000)

Jawer, M.A., 'Environmental sensitivity: inquiry into a possible link with apparitional experience', *Journal of the Society for Psychical Research*, 70 (882) (2006, pp. 25–47)

Jawer, M.A. and Micozzi, M.S., *Your Emotional Type: Key to the Therapies That Will Work for You* (Inner Traditions/Bear and Co., 2011)

Jeffers, S.J., *Feel the Fear and Do It Anyway* (Random House, 2012)

Jobs, S., Commencement Address (presented at Stanford University, 2005) at https://news.stanford.edu/2005/06/14/jobs-061505/

Jung, C.G., 'The fight with the shadow', *Listener*, 7 (7) (1946)

Kabat-Zinn, J., *Wherever You Go, There You Are: Mindfulness Meditation in Everyday Life* (Hachette UK, 2009)

Kanter, R.M., *Change Masters* (Simon and Schuster, 1984)

Kerns, K.A., Abraham, M.M., Schlegelmilch, A. and Morgan, T.A., 'Mother–child attachment in later middle childhood: assessment approaches and associations with mood and emotion regulation', *Attachment and Human Development*, 9 (1) (2007, pp. 33–53)

King Jr, M.L., 'Loving your enemies', *The Papers of Martin Luther King, Jr*, 4 (1957, pp. 315–24)

King Jr, D.M.L., Distinguished Service Award (Washington State University, 1995)

Klein, M., *Envy and Gratitude and Other Works 1946–1963* (London: The Hogarth Press, 1984)

Koelega, H.S., 'Extraversion and vigilance performance: 30 years of inconsistencies', *Psychological Bulletin*, 112 (2) (1992, p. 239)

Kohut, H., *The Restoration of the Self* (University of Chicago Press, 2009)

Kotler, S., *The Rise of Superman: Decoding the Science of Ultimate Human Performance* (Houghton Mifflin Harcourt, 2014)

Krippner, S., Wickramasekera, I., Wickramasekera, J. and Winstead, C.W., 'The Ramtha Phenomenon: psychological, phenomenological, and geomagnetic data', *Journal of the American Society for Psychical Research*, 92 (1) (1998, pp. 1–24)

Lawrence, D.H., *Studies in Classic American Literature*, Vol. 2 (Thomas Seltzer, 1923)

Lindberg, B. and Kaill, K.M., *Life Experiences of Gifted Adolescents in Sweden* (2012)

Livy, *The History of Rome*, Vol. 2 (Hackett Publishing, 1884)

Lovecky, D.V., 'Spiritual sensitivity in gifted children', *Roeper Review*, 20 (3) (1998, pp. 178–83)

McLaren, K., *The Art of Empathy* (Sounds True, Incorporated, 2013)

Melander, E.A., 'Effluvia and Aporia' (MFA Exhibition, Brigham Young University, 2012).

Miller, A., *The Drama of Being a Child: The Search for the True Self* (Virago, 1995)

Miller, A., *Breaking Down the Wall of Silence: The Liberating Experience of Facing Painful Truth* (Basic Books, 2008)

Millon, T. and Radovanov, J., 'Passive-aggressive (negativistic) personality disorder', in W. J. Livesley (ed.), *The DSM-IV Personality Disorders* (New York: Guildford Press, 1995, pp.312–25)

Minuchin, S., Baker, L., Rosman, B.L., Liebman, R., Milman, L. and Todd, T.C., 'A conceptual model of psychosomatic illness in children: family organization and family therapy', *Archives of General Psychiatry*, 32 (8) (1975, pp. 1031–8)

New, A.S., Rot, M.A.H., Ripoll, L.H., Perez-Rodriguez, M.M., Lazarus, S., Zipursky, E., Weinstein, S.R., Koenigsberg, H.W., Hazlett, E.A., Goodman, M. and Siever, L.J., 'Empathy and alexithymia in borderline personality disorder: clinical and laboratory measures', *Journal of Personality Disorders*, 26 (5) (2012, pp. 660–75)

Ogden, T.H., 'On projective identification', *The International Journal of Psycho-analysis*, 60 (1979, p. 357)

Olson, J., *The Slight Edge* (Greenleaf Book Group, 2013)

O'Neill, M., Calder, A. and Allen, B., 'Tall poppies: bullying behaviors faced by Australian high-performance school-age athletes', *Journal of School Violence*, 13 (2) (2014, pp. 210–27)

Orloff, J., *The Empath's Survival Guide: Life Strategies for Sensitive People* (Sounds True, 2017)

Park, L.C., Imboden, J.B., Park, T.J., Hulse, S.H. and Unger, H.T., *Giftedness and Psychological Abuse in BPD* (1992)

Piechowski, M.M., *Theory of Levels of Emotional Development* (Oceanside, NY: Dabor Science Publications, 1977)

Piechowski, M.M., 'Emotional giftedness: the measure of intrapersonal intelligence', *Handbook of Gifted Education*, 2 (1997, pp. 366–81)

Piechowski, M.M., 'Childhood spirituality', *Journal of Transpersonal Psychology*, 33 (1) (2001, pp. 1–15)

Piechowski, M.M., *Mellow Out, They Say. If Only I Could. Intensities and Sensitivities of the Young and Bright* (Yunasa Books, 2006)

Piechowski, M.M. and Colangelo, N., 'Developmental potential of the gifted', *Gifted Child Quarterly*, 28 (2) (1984, pp. 80–8)

Richo, D., *Daring to Trust: Opening Ourselves to Real Love and Intimacy* (Shambhala Publications, 2011)

Robinson, E., *The Original Vision: A study of the religious experience of childhood* (New York: Seabird Press,1983)

Roeper, A., 'How the gifted cope with their emotions', *Roeper Review*, 5 (2) (1982, pp. 21–4)

Roeper, A., *The 'I' of the Beholder: A Guided Journey to the Essence of a Child* (Great Potential Press, Inc., 2007)

St Maarten, A., *Divine Living: The Essential Guide To Your True Destiny* (Indigo House, 2012)

Sandemose, A., *A Fugitive Crosses his Tracks* (AA Knopf, 1933)

Shapiro, F., 'EMDR, adaptive information processing, and case conceptualization', *Journal of EMDR Practice and Research*, 1 (2) (2007, pp. 68–87)

Shilkret, R. and Nigrosh, E.E., 'Assessing students' plans for college', *Journal of Counseling Psychology*, 44 (2) (1997, p. 222)

Silver, T., *Outrageous Openness: Letting the Divine Take the*

Lead (Simon and Schuster, 2016)

Silverman, L.K., *Counseling the Gifted and Talented* (Denver: Love Publishing Co., 1993)

Tronick, E., 'Still Face Experiment' (1975) at Youtube

Trotter, S.R., 'Breaking the Law of Jante', *Myth and Nation*, 23 (2015)

Tschann, Jeanne M., *et al.*, 'Resilience and vulnerability among preschool children: family functioning, temperament, and behavior problems', *Journal of the American Academy of Child and Adolescent Psychiatry*, 35.2 (1996, pp. 184–92)

Williamson, M., *A Return to Love* (New York: HarperCollins, 1992, p. 165)

Williamson, M., *A Woman's Worth* (Random House Digital, 1993)

Winnicott, D.W., 'The theory of the parent-infant relationship', *The International Journal of Psycho-Analysis*, 41 (1960, p. 585)

Young, J.E., Klosko, J.S. and Weishaar, M.E., *Schema Therapy: A Practitioner's Guide* (Guilford Press, 2003)

Zanarini, M.C., Williams, A.A., Lewis, R.E. and Reich, R.B., 'Reported pathological childhood experiences associated with the development of borderline personality disorder', *The American Journal of Psychiatry*, 154 (8) (1997, p. 1101)